中国水文年报

2023

中华人民共和国水利部　编著

中国水利水电出版社
www.waterpub.com.cn

·北京·

图书在版编目（CIP）数据

中国水文年报. 2023 / 中华人民共和国水利部编著.
北京 ： 中国水利水电出版社，2024. 6. -- ISBN 978-7
-5226-2507-2

Ⅰ. TV12-54

中国国家版本馆CIP数据核字第20246RB169号

审 图 号：GS京（2024）1185 号

责任编辑：宋　晓

书　　名	**中国水文年报 2023** ZHONGGUO SHUIWEN NIANBAO 2023
作　　者	中华人民共和国水利部　编著
出版发行	中国水利水电出版社 （北京市海淀区玉渊潭南路 1 号 D 座　100038） 网址：www. waterpub. com. cn E - mail：sales@mwr. gov. cn 电话：（010）68545888（营销中心）
经　　售	北京科水图书销售有限公司 电话：（010）68545874、63202643 全国各地新华书店和相关出版物销售网点
排　　版	中国水利水电出版社微机排版中心
印　　刷	北京博图彩色印刷有限公司
规　　格	210mm×285mm　16 开本　8.25 印张　191 千字
版　　次	2024 年 6 月第 1 版　2024 年 6 月第 1 次印刷
印　　数	0001—1000 册
定　　价	**98.00 元**

凡购买我社图书，如有缺页、倒页、脱页的，本社营销中心负责调换

编 制 说 明

　　《中国水文年报 2023》（以下简称《水文年报》）依据 2023 年全国水文部门的水文监测数据和有关部委的气象、地下水等监测数据，选取较完整的长系列整编资料进行统计分析，编制发布社会公众关注的我国年度水文情势以及重大暴雨洪水和干旱等事件，包括降水、蒸发、径流、泥沙、地下水、冰凌等水文要素和暴雨洪水、干旱、水库蓄水量等年度综合信息及时空变化特征，为经济社会和水利高质量发展提供基础性资料，也为流域综合治理、水旱灾害防御、水资源管理、涉水工程建设运行及水生态修复等提供科学依据。

　　《水文年报》发布的水文信息不包含香港特别行政区、澳门特别行政区和台湾省。

　　1. 全国水文站网基本概况

　　截至 2023 年底，按照独立站统计，全国水文部门共有各类水文测站 127035 处。按照观测项目统计，全国水文部门共有流量站 9533 处，水位站 27257 处，泥沙站 1703 处，降水量站 69856 处，蒸发站 5147 处，冰情站 1148 处，地下水站 26622 处，地表水水质站 10277 处，水生态站 1135 处，墒情站 6847 处。按照独立站统计，向县级以上水行政主管部门报送信息的各类水文测站有 84921 处，可发布预报站 2575 处，可发布预警站 2729 处。

　　2. 资料选用

　　《水文年报》中降水、蒸发、径流、泥沙等要素分析计算采用雨量站、蒸发站、水文站等的监测和整编数据。年降水量等值线图、距平图和全国年降水量采用全国约 18000 个雨量站监测数据分析绘制，代表站降水量选取分布均匀、系列较长且具备区域代表性的 774 个基本雨量站监测数据分析计算。年蒸发量等值线和全国年蒸发量采用全国 1255 个蒸发站监测数据分析绘制（统一换算到标准的 E601 型蒸发器），代表站蒸发量分析计算选取系列较长且具备区域代表性的 148 个蒸发站的监测数据。全国年径流量分析计算采用近 3000 处国家基本水文站资料，代表站实测径流量分析计算采用 415 个流域面积 3000km² 及以上主要江河控制站和长江、黄河等大江大河上中下游代表站的实测整编资料，代表站天然径流量分析则以其中约 200 处水文站的天然径流量为依据。泥沙状况选择长江、黄河、青海湖区等主要江河湖 91 个水文站实测输沙量数据分析计算。地下水水位变化分析采用覆盖全国主要平原区、盆地和喀斯特山区的 20308 个（水利部 10809 个、自然资源部 9499 个）地下水站监测数据，较 2022 年增加 1117 个（水利部 756 个、自然资源部 361 个）。生态流量保障情况分析依据水利部确定的 249 个生态流量控制断面监测数据，比 2022 年增加了 15 个断面。生态补水效果分析以华北地区河湖生态补水的 40 条（个）河湖的监测成果为依据，比 2022 年减少了 8 条（个）河湖。湖库蓄水状况分析对象为参与统计的大中型水库和常年水面面积大于 100km² 且有监测资料的湖泊，包括大型水库 768 座、中型水库 3942 座和湖泊 75 个。

《水文年报》部分数据的合计数由于小数取舍不同而产生的计算误差，未作调整。地下水要素因站网变动、特征值复核调整、层位属性变化等原因，与 2022 年成果有所差异。

3. 有关说明

（1）《水文年报》中涉及的多年平均值，除泥沙采用 1950—2020 年或建站至 2020 年系列及特殊说明外，均统一采用建站至 2020 年水文系列平均值。

（2）一级流域（区域）：一级流域由一条独流入海的河流水系集水区域组成；一级区域是由多条独流入海河流或由多条流入沙漠、内陆湖的河流的集水区域组成。《水文年报》中将其统一简称为一级区，全国包括松花江区、辽河区、海河区、黄河区、淮河区、长江区（含太湖流域，下同）、东南诸河区、珠江区、西南诸河区和西北诸河区共 10 个一级区。

（3）北方区：包括松花江区、辽河区、海河区、黄河区、淮河区、西北诸河区等 6 个一级区。

（4）南方区：包括长江区、东南诸河区、珠江区、西南诸河区等 4 个一级区。

（5）生态流量：为维持河湖生态系统的结构和功能，需要在河湖内保留或维持符合一定水质要求的流量（水量、水位）及其过程。

（6）保证水位（流量）：能保证防洪工程或防护区安全运行的最高洪水位（m）（最大流量，m^3/s）。

（7）警戒水位（流量）：可能造成防洪工程出现险情的河流和其他水体的水位（m）（流量，m^3/s）。

（8）编号洪水：依据水利部《全国主要江河洪水编号规定》，全国大江大河大湖以及跨省独流入海的主要江河发生的洪水，在水文代表站达到防洪警戒水位（流量）、2～5 年一遇洪水量级或影响当地防洪安全的水位（流量）时，确定为编号洪水。

（9）重现期：为系列年数与排位的比值，计算公式为

$$N = \frac{1}{P} = \frac{n+1}{m}$$

式中　P——频率；

　　　n——系列年数；

　　　m——由大到小排列的序位。

（10）实测径流量：实际观测到的一定时段内通过河流某一断面的水量（m^3）。

（11）天然径流量：实测河川径流量经还原后的水量，一般指实测径流量加上实测断

面以上的耗水量和蓄水变量（m^3）。

（12）径流深：指河流、湖泊、冰川等地表水体逐年更新的动态水量与相应集水面积的比值，即当地河川径流量与相应集水面积的比值（mm）。

（13）含沙量：单位体积浑水中所含干沙的质量（kg/m^3）。

（14）输沙量：一定时段内通过河流某一断面的泥沙质量（t）。《水文年报》中的输沙量是指悬移质部分，不包括推移质部分。

（15）输沙模数：一定时段内总输沙量与相应集水面积的比值 $[t/(a \cdot km^2)]$。

（16）中数粒径：泥沙颗粒组成中的代表性粒径（mm），小于等于该粒径的泥沙占总质量的 50%。

（17）年降水量距平：当年降水量与多年平均降水量的差与多年平均降水量的比值（%）。

（18）蒸发量：《水文年报》中蒸发量指水面蒸发能力，我国水文部门普遍采用 E601 型蒸发器进行水面蒸发观测，其观测值可近似代替大水体的蒸发量（mm）。

（19）全国面积：《水文年报》中水文要素分析计算涉及的国土面积（km^2）。

（20）水文代表站：具有代表性和控制性的水文站。对于支流，水文控制站一般选用支流的把口站。对于干流，水文代表站一般选用能够代表不同河段水文特征的水文站。

（21）地下水类型：按照含水介质分为孔隙水、裂隙水和岩溶水。孔隙水为存在于岩土体孔隙中的重力水，裂隙水为赋存于岩体裂隙中的地下水，岩溶水为贮存于可溶性岩层溶隙（穴）中的地下水。按照实际工作需要，孔隙水细分为浅层地下水和深层地下水，浅层地下水是与当地大气降水或地表水体有直接补排关系的地下水，包括潜水及与潜水具有较密切水力联系的承压水，是容易更新的地下水。深层地下水是与大气降水和地表水体没有密切水力联系，相较于浅层地下水无法补给或者补给非常缓慢，是难以更新的地下水。

（22）地下水重点区域：依据 2023 年水利部会同国家发展改革委、财政部、自然资源部、农业农村部组织编制的《"十四五"重点区域地下水超采综合治理方案》，选择地下水开采量大且存在超采问题的集中连片地区，作为治理范围，包括三江平原、松嫩平原、辽河平原及辽西北地区、西辽河流域、黄淮地区、鄂尔多斯台地、汾渭谷地、河西走廊、天山南北麓及吐哈盆地、北部湾等 10 个区域，共涉及 13 个省级行政区，72 个地市，289 个县区；按照《华北地区地下水超采综合治理行动方案》确定的京津冀地区治理目标，开展华北地区地下水超采治理。地下水重点区域按行政区划进行分析，与一般平原、盆地同名时，增加"（重点）"字样以示区别。

（23）地下水水位（埋深）采用 2023 年 12 月的平均水位（埋深）值。地下水水位变幅大于 0.5m 的区域（站点）为水位上升区（点），小于 −0.5m 的区域（站点）为水位下降区（点），大于或等于 0m 且小于等于 0.5m 的区域（站点）为水位弱上升区（点）、大于等于 −0.5m 且小于 0m 的区域（站点）为水位弱下降区（点），统称为水位稳定区（点）。浅层地下水埋深空间分布采用克里金插值法计算，其他埋深值计算采用算术平均法。

（24）生态流量目标保障达标程度采用频次法进行评价，计算公式为

$$CR = \frac{A}{B} \times 100\%$$

式中　CR——河湖生态流量（水位）目标保障达标程度，％；

　　　　A——评价时段内大于等于生态流量保障目标的实测径流监测样本数；

　　　　B——评价时段内参与生态流量保障目标达标情况评价的实测径流监测样本总数。

（25）冰凌分析时段为一个完整的封河开河周期，《水文年报》中的分析时段为 2023 年封河到 2024 年开河时段。

目　录

雅鲁藏布江大拐弯（金君良 摄）

综 述

2023 年，全国降水量与多年平均值基本持平，全国水面蒸发量比多年平均值偏少，全国径流深（径流量）比多年平均值偏少，全国大中型水库年末蓄水总量较年初有所增加。全国不同地区水文情势差异显著，松花江、海河和黄河来水偏丰，有 49 条河流发生有实测资料以来最大洪水，特别是海河流域发生流域性特大洪水；长江中下游、东南诸河、珠江来水偏枯。黄河、黑龙江、辽河凌情形势平稳，未形成冰塞、冰坝和灾情、险情。

一、全国降水和蒸发概况

2023 年，全国平均降水量为 642.8mm，比 2022 年增加 1.8%，与多年平均值基本持平。全国平均蒸发量为 972.1mm，比 2022 年减少 3.9%，比多年平均值偏少 12.1%。

二、全国径流和湖库蓄水概况

2023 年，全国天然河川年径流量为 24633.5 亿 m^3，折合年径流深为 260.4mm，比 2022 年减少 5.2%，比多年平均值偏少 7.2%。全国统计的 768 座大型水库和 3942 座中型水库年末蓄水总量为 4594.5 亿 m^3，比年初蓄水总量增加 390.4 亿 m^3。全国常年水面面积 100km^2 及以上且有水文监测的 75 个湖泊年末蓄水总量为 1477.6 亿 m^3，比年初蓄水总量增加 26.5 亿 m^3。

三、全国地下水水位变化概况

2023 年 12 月与 2022 年同期相比，全国 50.5％的监测站地下水水位呈弱上升或上升态势，50.0％的浅层地下水、54.3％的深层地下水、46.2％的裂隙水和 51.8％的岩溶水监测站呈弱上升或上升态势。西南诸河区、松花江区、长江区、淮河区、海河区 5 个一级区超半数以上地下水站水位呈弱上升或上升态势。在开展浅层地下水监测的 29 个主要平原及盆地中，河南省南襄山间平原区、关中平原、江汉平原等 12 个区域呈弱上升或上升态势；在开展深层地下水监测的 21 个主要平原及盆地中，运城盆地、雷州半岛平原等 12 个区域水位呈弱上升或上升态势。重点区域中，北部湾地区、华北地区、松嫩平原（重点）、黄淮地区（重点）、三江平原（重点）、汾渭谷地等 6 个区域浅层地下水水位呈弱上升或上升态势；北部湾地区、松嫩平原（重点）、黄淮地区（重点）3 个区域深层地下水水位呈弱上升或上升态势。在 29 个开展浅层地下水监测的省份中，15 个省份超半数以上地下水站水位呈弱上升或上升态势；在 19 个开展深层地下水监测的省份中，12 个省份超半数以上地下水站水位呈弱上升或上升态势。

四、全国泥沙和水生态概况

2023 年，全国主要河流总输沙量为 2.04 亿 t，比 2022 年减少 47.7％，比近 10 年平均值偏少 39.1％，比多年平均值偏少 85.9％。

2023 年，在全国 249 个生态流量保障目标控制断面中，有 186 个断面满足程度达到 100％，有 44 个断面的满足程度小于 100％大于 90％，有 19 个断面的满足程度小于 90％。2023 年，华北地区河湖生态环境复苏行动在 40 个河湖累计生态补水 98.40 亿 m³，完成年度计划补水量 27.68 亿 m³ 的 3.6 倍。

五、全国暴雨洪水及干旱情况

2023 年，全国共出现 35 次强降水过程，29 个省（自治区、直辖市）708 条河流发生超警以上洪水，其中 129 条河流发生超保洪水、49 条河流发生有实测资料以来最大洪水。

2023 年，有 6 个台风（含热带风暴）（"卡努"登陆时为热带低压，不计数）登陆我国，较常年（7.2 个）偏少。第 5 号台风"杜苏芮"是 2023 年登陆我国大陆最强的台风，也是 1949 年以来登陆福建第二强的台风，受其影响，海河流域发生流域性特大洪水，其中永定河为 1924 年以来最大洪水，大清河为 1963 年以来最大洪水，松花江发生 1 次编号洪水，随后台风"卡努"呈罕见"之"字形路径登陆继续影响东北。9 月 7—8 日，受台风"海葵"影响，广东深圳、佛山、肇庆日雨量突破当地历史实测纪录。受台风"三巴"影响，10 月 17—22 日，粤西、桂南沿海部分河流发生秋季洪水。

2023 年，长江流域汉江发生秋季洪水，四川汶川县和金阳县、浙江富阳区等地发生严重山洪，新疆阿勒泰地区发生融雪洪水。

2023 年，全国旱情总体偏轻，旱情阶段性特征明显，云南、河北等部分地区偏重。

全年相继发生西南地区春旱、北方地区局地夏旱、西北地区伏秋旱。

六、主要江河冰凌概况

2023年度，黄河、黑龙江、辽河整个凌汛期凌情形势平稳，未形成冰塞、冰坝和灾情、险情。2023年11—12月，黄河、黑龙江、辽河干流河段相继封冻，黄河宁蒙河段首封日期较常年偏晚，黄河下游河段、黑龙江、辽河首封日期均较常年偏早。2024年1月，黄河下游河段开河，2—3月，宁夏及内蒙古河段陆续开河，3—4月，黑龙江、辽河全线陆续开河（江）。黄河下游及宁夏河段、黑龙江开河早于常年，黄河内蒙古河段、辽河开河日期较常年偏晚。

尼洋河（廖敏涵　提供）

第一章
降　水

一、概述

2023 年，全国平均降水量为 642.8mm，比 2022 年增加 1.8%，与多年平均值基本持平。全国 42.0% 的面积年降水量比多年平均值偏多，58.0% 的面积年降水量比多年平均值偏少。北方区平均降水量为 351.1mm，比 2022 年增加 3.1%，比多年平均值偏多 6.6%。南方区平均降水量为 1158.6mm，比 2022 年增加 1.1%，比多年平均值偏少 3.5%。

长江区、松花江区、黄河区、珠江区、西北诸河区有 14 个代表站的年降水量达到有观测记录以来的最大值，个别月份降水量甚至达到同期多年平均降水量的 3 倍以上。珠江区、长江区、黄河区、松花江区有 14 个代表站的年降水量为有观测记录以来的最小值，特别是珠江上游多个站点降水严重偏枯。

二、全国年降水量

2023 年，全国平均降水量为 642.8mm，空间分布不均。全国 26.3% 的面积年降水量小于 200mm，主要分布在西北诸河区西部和北部（除伊犁河流域、阿尔泰山南麓外）以及黄河区河套地区西北部。全国 16.7% 的面积年降水量为 200～400mm，主要分布在西北诸河区东部和南部、黄河区内流区和兰州至河口镇右岸以及辽河区西部。全国 26.4% 的面积年降水量为 400～800mm，主要分布在西北诸河区青海湖水系、长江区长江上游金沙江段和岷江、黄河区黄河源头及中游地区、海河区东部、淮河区山东半岛沿海诸河、辽河区中部以及松花江区中部和西部。全国 30.6% 的面积年降水量超过 800mm，主要分布在松花江区东南部、辽河区东部、海河区西部、淮河区中部和南部、西南诸河区南部、长江区中部和东部、珠江区大部以及东南诸河区，其中 6.6% 的面积年降水量超过 1600mm，主要分布在西南诸河区南部、长江区鄱阳湖水系和宜宾至宜昌干流局部、珠江区东部和南部以及东南诸河区东部。2023 年全国年降水量等值线见图 1-1。

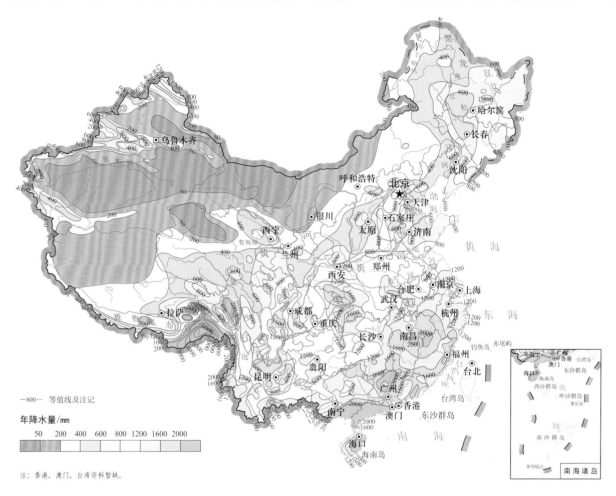

图 1-1　2023 年全国年降水量等值线

全国 42.0% 的面积年降水量比多年平均值偏多，其中 2.4% 的面积年降水量偏多 50% 以上。降水量偏多的地区主要分布在松花江区中部和东部、辽河区北部和东南部、海河区中部和南部、黄河源头及中下游南部、淮河区西南部、长江源头和中游北岸以及鄱阳湖水系和太湖水系、东南诸河区东部、珠江区南部以及西北诸河区南部和西北部局地，其中海河区中西部局部地区偏多幅度超过 70%。全国 58.0% 的面积年降水量比多年平均值偏少，其中 12.7% 的面积年降水量偏少 30% 以上。降水量偏少的地区主要分布在松花江区北部、辽河区中部和西部、西北诸河区中部和东部、黄河区黄河上游、长江区西部和中部、东南诸河区西部、珠江区中西部以及西南诸河区大部。2023 年全国年降水量距平等值线见图 1-2。

2023 年，全国一级区之间年降水量差异较大，其中东南诸河区年降水量达 1539.7mm，西北诸河区年降水量仅为 158.2mm。2023 年一级区年降水量及其与 2022 年和多年平均值比较情况见表 1-1。

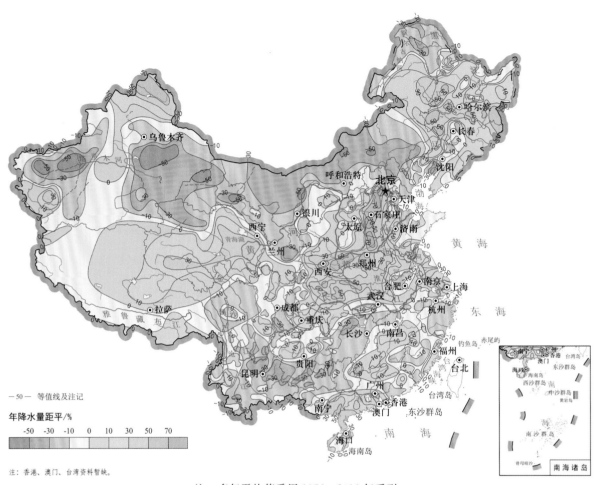

注：香港、澳门、台湾资料暂缺。

注：多年平均值采用1956—2016年系列。

图 1－2　2023 年全国年降水量距平等值线

表 1－1　　　2023 年一级区年降水量及其与 2022 年和多年平均值比较

一　级　区	年降水量 /mm	与 2022 年比较 /%	与多年平均值比较 /%
全国	642.8	1.8	−0.2
松花江区	574.7	2.6	14.6
辽河区	534.2	−22.3	0.1
海河区	608.5	9.8	15.4
黄河区	491.3	6.6	8.6
其中：上游	420.7	8.9	6.2
中游	583.7	5.7	11.4
下游	759.9	6.5	18.4
淮河区	928.5	18.6	10.8
长江区	1068.2	10.2	−1.2
其中：上游	860.4	9.3	−2.4
中游	1329.4	9.3	−0.7

一 级 区	年降水量 /mm	与2022年比较 /%	与多年平均值比较 /%
下游	1293.6	20.3	3.5
其中：太湖流域	1282.4	16.7	6.3
东南诸河区	1539.7	−6.7	−8.4
珠江区	1482.0	−14.3	−4.8
西南诸河区	1034.3	4.0	−5.3
西北诸河区	158.2	2.4	−4.1

注：多年平均值采用1956—2016年系列。

与2022年相比，2023年淮河区、长江区、海河区、黄河区、西南诸河区、松花江区、西北诸河区7个一级区平均年降水量有所增加，其中淮河区增加18.6%；辽河区、珠江区、东南诸河区3个一级区平均年降水量有所减少，其中辽河区减少22.3%。

与多年平均值相比，2023年海河区、松花江区、淮河区、黄河区4个一级区平均年降水量偏多，其中海河区、松花江区分别偏多15.4%和14.6%；辽河区平均年降水量与多年平均值基本持平；东南诸河区、西南诸河区、珠江区、西北诸河区、长江区5个一级区平均年降水量偏少，其中东南诸河区偏少8.4%。

三、代表站降水量

综合考虑雨量站观测资料系列的长度与完整性、对所在一级区降水时空分布情况的代表性以及分布的均匀性，在各一级区共选定774个雨量站作为代表站，统计2023年实测或调查的最大1h、6h、1d、3d、7d、15d、30d降水量情况，分析2023年降水丰枯状况及逐月降水过程，并与历史降水情况进行比较。

在全部雨量代表站中，年降水量最大的是海南省屯昌县的南坤站（3033.5mm），年降水量最小的是青海省都兰县的诺木洪站（40.3mm）。年降水频率属于枯水、偏枯、平水、偏丰、丰水的雨量代表站个数占比分别为15.0%、27.3%、24.0%、21.3%、12.4%。2023年全国雨量代表站年降水量及丰枯情势见图1-3。

长江区、松花江区、黄河区、珠江区、西北诸河区有14个代表站的年降水量达到有观测记录以来的最大值（观测系列长度为36～75年，绝大多数在60年以上）。松花江区黑龙江省五常市沈家营站2023年降水量为1391.5mm，比多年平均值偏多88.9%，列有观测资料的71年以来的第1位，特别是8月降水量超过了600mm，达到同期多年平均降水量的3.8倍。黄河区三门峡站2023年降水量为1001.4mm，比多年平均值偏多78.6%，列有观测资料的73年以来的第1位，5月、8月、9月降水量分别达到同期多年平均降水量的3.5倍、2.5倍和2.3倍。

珠江区、长江区、黄河区、松花江区有14个代表站的年降水量为有观测记录以来的最小值（观测系列长度为42～78年，绝大多数在60年以上）。珠江区云南省玉溪市澄江海口站2023年降水量为500.5mm，较多年平均值偏少44.2%，列有观测资料的71年中

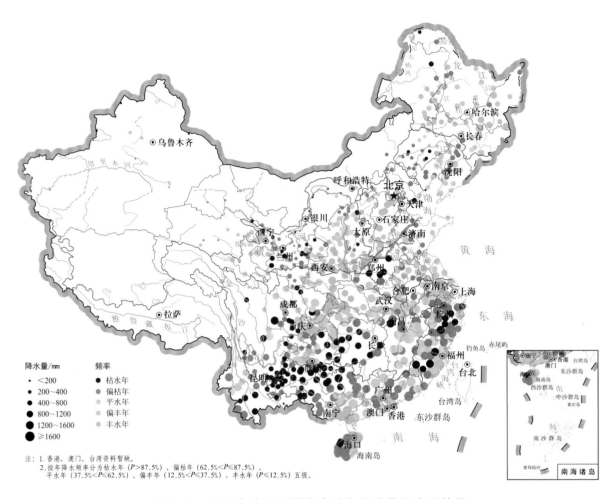

注：1．香港、澳门、台湾资料暂缺。
2．按年降水频率分为枯水年（*P*>87.5%）、偏枯年（62.5%<*P*≤87.5%）、
平水年（37.5%<*P*≤62.5%）、偏丰年（12.5%<*P*≤37.5%）、丰水年（*P*≤12.5%）五级。

图 1-3 2023 年全国雨量代表站年降水量及丰枯情势

最小，除 8 月、10 月偏丰外，其他月份降水量较同期多年平均偏少幅度均在 40% 以上，特别是 1—5 月累计降水量仅 27.5mm，较同期多年平均偏少 84.2%。松花江区漠河站 2023 年降水量为 265.5mm，较多年平均值偏少 38.9%，在有观测资料的 67 年中最小，该站于 2021 年出现有观测资料以来的历史最大年降水量 672.5mm，降水年际变化剧烈。

2023 年降水量达到历史极值的部分代表站的逐月降水过程见图 1-4。

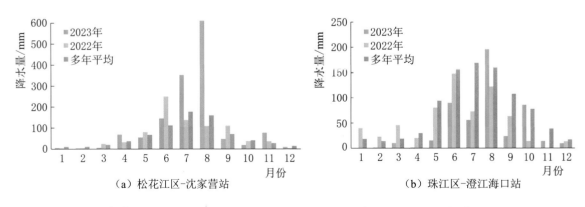

图 1-4 部分代表站 2023 年、2022 年及多年平均逐月降水过程

　　一级区 2023 年降水量与多年平均值相比变幅最大的代表站，2023 年、2022 年及多年平均逐月降水过程见图 1-5。

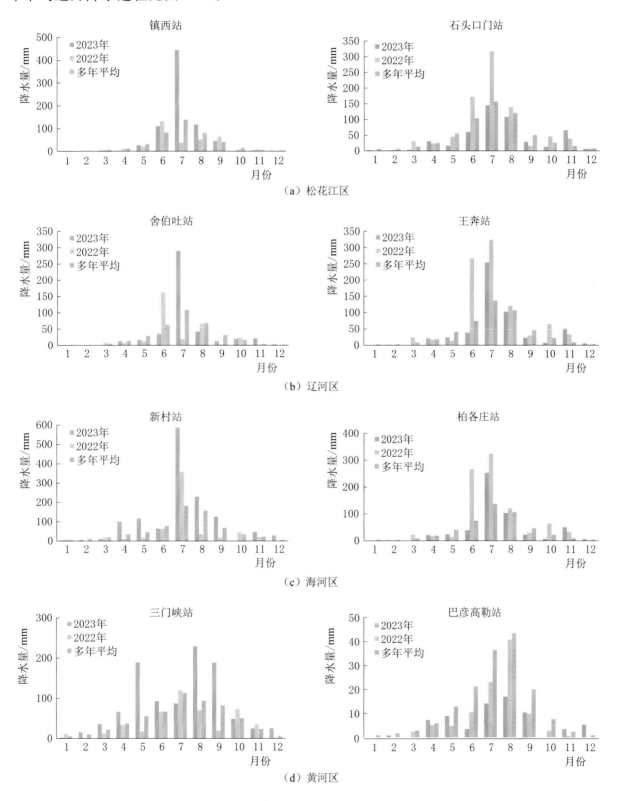

图 1-5（一）　一级区部分代表站 2023 年、2022 年及多年平均逐月降水过程

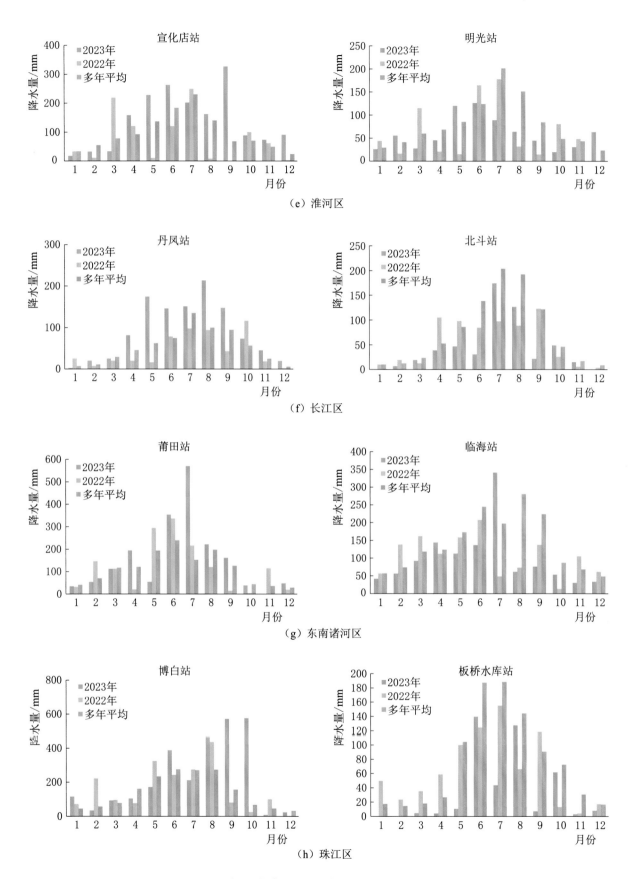

（e）淮河区

（f）长江区

（g）东南诸河区

（h）珠江区

图 1－5（二）　一级区部分代表站 2023 年、2022 年及多年平均逐月降水过程

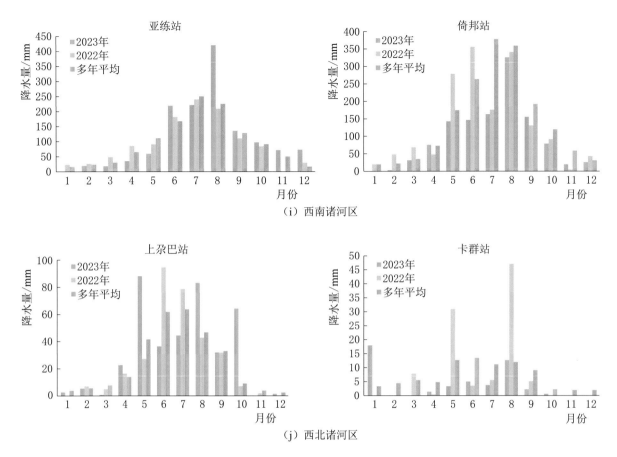

（i）西南诸河区

（j）西北诸河区

图1-5（三）　一级区部分代表站2023年、2022年及多年平均逐月降水过程

　　2023年，松花江区年降水频率属于枯水、偏枯、平水、偏丰、丰水的雨量代表站个数占比分别为3.3%、11.5%、18.0%、32.8%、34.4%，站点年降水量与多年平均值相比变化幅度为-42%~122%。代表站连续最大4个月降水量占全年降水量的比例为67%~96%，其发生时间多集中在5—8月或6—9月。松花江区2023年时段最大降水量见表1-2。

表1-2　　　　　　　　　　松花江区2023年时段最大降水量

历时	站名	降水量/mm	水　系	出现时间	地　　点
1h	向阳	91.4	松花江水系	8月3日	吉林省榆树市向阳乡
6h	西川村	178.6	松花江水系	8月2日	黑龙江省哈尔滨市阿城区小岭街西川村
1d	青云	223.5	松花江水系	8月2日	黑龙江省尚志市苇河镇周家营子村
3d	榆林林场	355.6	松花江水系	8月2日始	黑龙江省尚志市苇河林业局榆林林场
7d	保安	496.4	松花江水系	7月28日始	吉林省舒兰市开原镇保安村四社保安屯
15d	保安	529.8	松花江水系	7月22日始	吉林省舒兰市开原镇保安村四社保安屯
30d	保安	658.0	松花江水系	7月6日始	吉林省舒兰市开原镇保安村四社保安屯

2023年，辽河区年降水频率属于枯水、偏枯、平水、偏丰、丰水的雨量代表站个数占比分别为6.0%、44.0%、26.0%、22.0%、2.0%，站点年降水量与多年平均值相比变化幅度为−41%～35%。代表站连续最大4个月降水量占全年降水量的比例为59%～91%，其发生时间多集中在5—8月或6—9月。辽河区2023年时段最大降水量见表1-3。

表1-3 辽河区2023年时段最大降水量

历时	站名	降水量/mm	水系	出现时间	地 点
1h	新安镇	123.4	辽河水系	8月2日	吉林省松原市长岭县新安镇东街后屯
6h	新安镇	218.0	辽河水系	8月2日	吉林省松原市长岭县新安镇东街后屯
1d	五龙背	345.0	鸭绿江水系	7月27日	辽宁省丹东市振安区五龙背镇温泉路
3d	五龙背	568.5	鸭绿江水系	7月27日始	辽宁省丹东市振安区五龙背镇温泉路
7d	虎山	683.5	鸭绿江水系	7月24日始	辽宁省丹东市宽甸县虎山镇安平河村
15d	虎山	761.5	鸭绿江水系	7月22日始	辽宁省丹东市宽甸县虎山镇安平河村
30d	虎山	830.0	鸭绿江水系	7月15日始	辽宁省丹东市宽甸县虎山镇安平河村

2023年，海河区年降水频率属于枯水、偏枯、平水、偏丰、丰水的雨量代表站个数占比分别为2.1%、19.1%、29.8%、27.7%、21.3%，站点年降水量与多年平均值相比变化幅度为−30%～103%。代表站连续最大4个月降水量占全年降水量的比例为60%～99%，其发生时间多数集中在5—8月或6—9月。海河区2023年时段最大降水量见表1-4。

表1-4 海河区2023年时段最大降水量

历时	站名	降水量/mm	水系	出现时间	地 点
1h	方岗水库	125.8	海河干流暨大清河水系	7月31日	河北省保定市易县良岗镇方岗村
6h	方岗水库	317.0	海河干流暨大清河水系	7月31日	河北省保定市易县良岗镇方岗村
1d	清水	623.5	永定河水系	7月30日	北京市门头沟区清水镇上清水村
3d	清水	988.0	永定河水系	7月29日始	北京市门头沟区清水镇上清水村
7d	清水	1022.2	永定河水系	7月26日始	北京市门头沟区清水镇上清水村
15d	清水	1054.6	永定河水系	7月18日始	北京市门头沟区清水镇上清水村
30d	清水	1090.0	永定河水系	7月3日始	北京市门头沟区清水镇上清水村

2023年，黄河区年降水频率属于枯水、偏枯、平水、偏丰、丰水的雨量代表站个数占比分别为11.4%、23.5%、24.1%、22.9%、18.1%，站点年降水量与多年平均值相比变化幅度为−54%～79%。代表站连续最大4个月降水量占全年降水量的比例为52%～85%，其发生时间多集中在4—10月范围内。黄河区2023年时段最大降水量

见表 1-5。

表 1-5   黄河区 2023 年时段最大降水量

历时	站名	降水量/mm	水系	出现时间	地点
1h	罗曼沟	136.6	渭河水系	5 月 19 日	宁夏回族自治区固原市西吉县马莲乡罗曼沟村
6h	平舒站	197.8	汾河水系	7 月 27 日	山西省晋中市寿阳县平舒乡平舒村
1d	邵寨	206.4	渭河水系	7 月 28 日	甘肃省平凉市灵台县邵寨乡白崖村
3d	邵寨	315.4	渭河水系	7 月 27 日始	甘肃省平凉市灵台县邵寨乡白崖村
7d	李家外	362.4	伊洛河水系	7 月 26 日始	河南省巩义市小关镇南岭村
15d	邵寨	442.4	渭河水系	7 月 27 日始	甘肃省平凉市灵台县邵寨乡白崖村
30d	李家外	597.2	伊洛河水系	7 月 28 日始	河南省巩义市小关镇南岭村

2023 年，淮河区年降水频率属于枯水、偏枯、平水、偏丰、丰水的雨量代表站个数占比分别为 6.9%、20.7%、39.6%、25.9%、6.9%，站点年降水量与多年平均值相比变化幅度为 -26%～44%。代表站连续最大 4 个月降水量占全年降水量的比例为 53%～83%，其发生时间多集中在 5—8 月或 6—9 月。淮河区 2023 年时段最大降水量见表 1-6。

表 1-6   淮河区 2023 年时段最大降水量

历时	站名	降水量/mm	水系	出现时间	地点
1h	刘楼	115.5	沂沭泗水系	7 月 11 日	山东省济宁市金乡县高河乡刘楼村
6h	龙沟闸	243.0	沂沭泗水系	7 月 11 日	江苏省连云港市灌南县新安镇龙沟闸
1d	林子	285.4	沂沭泗水系	7 月 12 日	江苏省徐州市邳州市岔河镇林子村
3d	青伊湖	343.0	沂沭泗水系	7 月 10 日始	江苏省宿迁市沭阳县青伊湖镇赵集村
7d	龙沟闸	378.0	沂沭泗水系	7 月 8 日始	江苏省连云港市灌南县新安镇龙沟闸
15d	扬州	524.0	淮河洪泽湖以上暨白马高宝湖区水系	7 月 6 日始	江苏省扬州市汶河北路
30d	扬州	654.0	淮河洪泽湖以上暨白马高宝湖区水系	6 月 17 日始	江苏省扬州市汶河北路

2023 年，长江区年降水频率属于枯水、偏枯、平水、偏丰、丰水的雨量代表站个数占比分别为 17.8%、24.6%、28.8%、18.9%、9.9%，站点年降水量与多年平均值相比变化幅度为 -42%～69%。代表站连续最大 4 个月降水量占全年降水量的比例为 45%～88%，中下游地区其发生时间多集中在 3—8 月范围内，上游部分站点集中在 6—9 月或 7—10 月。长江区 2023 年时段最大降水量见表 1-7。

表 1-7　　　　　　　　　　　长江区 2023 年时段最大降水量

历时	站名	降水量/mm	水系	出现时间	地点
1h	余家店	111.5	汉江至鄱阳湖长江干流水系	7月6日	湖北省随州市广水市余店镇余店村
6h	凯马	273.0	洞庭湖水系	7月8日	贵州省铜仁市江口县快场乡凯马村
1d	余码头	343.5	洞庭湖至汉江长江干流水系	6月29日	湖北省咸宁市嘉鱼县潘家湾镇余码头
3d	八里湾	438.5	汉江至鄱阳湖长江干流水系	5月25日始	湖北省黄冈市红安县八里湾镇八里村
7d	八里湾	454.0	汉江至鄱阳湖长江干流水系	5月20日始	湖北省黄冈市红安县八里湾镇八里村
15d	九湖坪	620.0	汉江水系	9月18日始	湖北省神农架林区大九湖镇大九湖村
30d	九湖坪	725.5	乌江至洞庭湖长江干流水系	9月10日始	湖北省神农架林区大九湖镇大九湖村

2023 年，东南诸河区年降水频率属于枯水、偏枯、平水、偏丰、丰水的雨量代表站个数占比分别为 20.4%、44.9%、14.3%、18.4%、2.0%，站点年降水量与多年平均值相比变化幅度为 -31%~34%。代表站连续最大 4 个月降水量占全年降水量的比例为 45%~75%，其发生时间多集中在 3—9 月范围内。东南诸河区 2023 年时段最大降水量见表 1-8。

表 1-8　　　　　　　　　　东南诸河区 2023 年时段最大降水量

历时	站名	降水量/mm	水系	出现时间	地点
1h	解放大桥	107.0	闽江水系	9月5日	福建省福州市仓山区中洲一号
6h	解放大桥	376.5	闽江水系	9月5日	福建省福州市仓山区中洲一号
1d	新县	716.0	福建沿海诸河水系	7月28日	福建省莆田市新县乡文笔村
3d	新县	817.5	福建沿海诸河水系	7月27日始	福建省莆田市新县乡文笔村
7d	吴垟	848.0	浙江沿海诸河水系	7月25日始	浙江省温州市平阳县顺溪镇吴垟社区下垟村
15d	吴垟	963.5	浙江沿海诸河水系	7月16日始	浙江省温州市平阳县顺溪镇吴垟社区下垟村
30d	新县	1256.5	福建沿海诸河水系	7月26日始	福建省莆田市新县乡文笔村

2023 年，珠江区年降水频率属于枯水、偏枯、平水、偏丰、丰水的雨量代表站个数占比分别为 32.2%、32.2%、15.2%、13.6%、6.8%，站点年降水量与多年平均值相比变化幅度为 -55%~63%。代表站连续最大 4 个月降水量占全年降水量的比例为 50%~

85%，其发生时间多集中在5—10月范围内，东部部分站点集中在3—6月或4—7月，海南岛部分站点集中在8—11月。珠江区2023年时段最大降水量见表1-9。

表1-9 珠江区2023年时段最大降水量

历时	站名	降水量/mm	水系	出现时间	地点
1h	白沙村	143.5	粤西沿海诸河水系	10月20日	广东省茂名市茂南区镇盛镇白沙村委渡头村
6h	石头埠	414.5	桂南沿海诸河水系	6月8日	广西壮族自治区北海市铁山港区兴港镇石头埠村
1d	五一	624.0	粤西沿海诸河水系	10月19日	广东省阳江市阳春市双滘镇五一村
3d	石头埠	744.5	桂南沿海诸河水系	6月7日始	广西壮族自治区北海市铁山港区兴港镇石头埠村
7d	新湖水库	818.5	粤西沿海诸河水系	9月7日始	广东省阳江市阳西县沙扒镇新湖水库
15d	水口（阳春）	1139.0	粤西沿海诸河水系	9月2日始	广东省阳江市阳春市潭水镇水口村
30d	庞西	1238.0	粤西沿海诸河水系	8月19日始	广东省阳江市阳春市三甲镇庞西村

2023年，西北诸河区年降水频率属于枯水、偏枯、平水、偏丰、丰水的雨量代表站个数占比分别为5.3%、47.4%、10.5%、26.3%、10.5%，站点年降水量与多年平均值相比变化幅度为−43%～30%。代表站连续最大4个月降水量占全年降水量的比例为46%～86%，其发生时间多集中在5—10月范围内。西北诸河区2023年时段最大降水量见表1-10。

表1-10 西北诸河区2023年时段最大降水量

历时	站名	降水量/mm	水系	出现时间	地点
1h	丰镇	28.2	内蒙古东部高原内流诸河水系	8月3日	内蒙古自治区乌兰察布市丰镇市北城区土塘街
6h	白脑包	39.2	内蒙古东部高原内流诸河水系	8月8日	内蒙古自治区乌兰察布市兴和县大库联乡白脑包村
1d	黑山头	69.5	内蒙古东部高原内流诸河水系	7月12日	内蒙古自治区赤峰市克什克腾旗达来诺尔镇
3d	黑山头	94.3	内蒙古东部高原内流诸河水系	7月12日始	内蒙古自治区赤峰市克什克腾旗达来诺尔镇
7d	黑山头	112.0	内蒙古东部高原内流诸河水系	7月7日始	内蒙古自治区赤峰市克什克腾旗达来诺尔镇
15d	黑山头	141.9	内蒙古东部高原内流诸河水系	7月3日始	内蒙古自治区赤峰市克什克腾旗达来诺尔镇
30d	巨宝庄水库	202.2	内蒙古东部高原内流诸河水系	7月12日始	内蒙古自治区乌兰察布市丰镇市巨宝庄镇巨宝庄水库

扬帆太湖（陈甜 提供）

第二章
蒸 发

一、概述

2023 年，全国平均蒸发量为 972.1mm，比 2022 年减少 3.9％，比多年平均值（1980—2000 年）偏少 12.1％。蒸发量空间分布不均，最高值在内蒙古西北部，最低值在松花江区大兴安岭北部。西北诸河区平均蒸发量为 1150.8mm，松花江区平均蒸发量为 601.9mm。与 2022 年相比，辽河区、海河区平均年蒸发量增多，长江区、东南诸河区和西北诸河区平均年蒸发量减少，其中海河区增多 13.5％，东南诸河减少 11.2％，其他 5 个一级区基本持平。与多年平均值相比，松花江区、海河区、黄河区、珠江区、西北诸河区 5 个一级区平均年蒸发量偏少，其中西北诸河区、松花江区蒸发量分别偏少 20.1％、16.4％，其他一级区基本持平。

二、全国年蒸发量

2023 年，全国平均蒸发量为 972.1mm，全国年蒸发量等值线见图 2-1。蒸发量在 800mm 以下的低值区面积占全国面积的 27.6％，主要分布在松花江区、辽河区东部、长江区中部，其中长江区中部蒸发量为 600～800mm，最低值在松花江区大兴安岭北部，不足 400mm。蒸发量为 800～1200mm 的面积占全国面积的 58.4％，主要分布在辽河区中部、海河区、淮河区、黄河区中东部、长江区西部、珠江中下游、东南诸河区、西南诸河区中北部、西北诸河北部和南部。蒸发量大于 1200mm 的高值区面积占全国面积的 14.0％，主要分布在西北诸河区的高原和盆地、青藏高原雅鲁藏布江中部以及云南中西部的河谷地区。

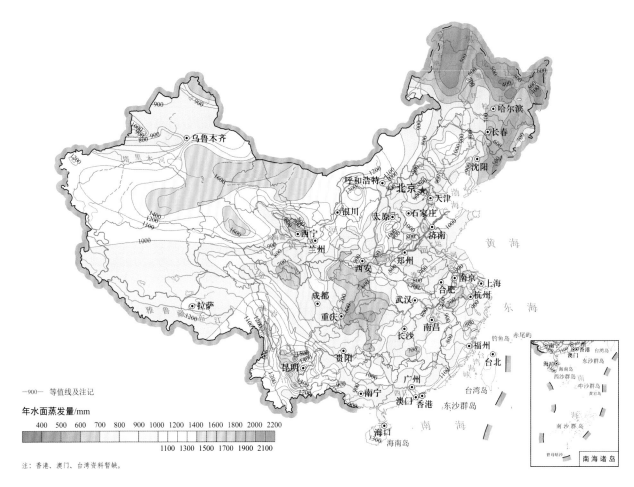

−900− 等值线及注记

年水面蒸发量/mm

400 500 600 700 800 900 1000 1200 1400 1600 1800 2000 2200
　　　　　　　　　　　1100 1300 1500 1700 1900 2100

注：香港、澳门、台湾资料暂缺。

图 2−1　2023 年全国年蒸发量等值线

　　2023 年，全国一级区平均年蒸发量差异较大，西北、西南诸河区年蒸发量分别为 1150.8mm、1135.5mm，松花江区、长江区蒸发量分别为 601.9mm、836.1mm。2023 年一级区年蒸发量及其与 2022 年和多年平均值比较情况见表 2−1。

表 2−1　　　　　　　　　　2023 年一级区年蒸发量及其与 2022 年和多年平均值比较

一　级　区	年平均蒸发量 /mm	与 2022 年比较 /%	与多年平均值比较 /%
全国	972.1	−3.9	−12.1
松花江区	601.9	2.1	−16.4
辽河区	847.8	9.9	−3.6
海河区	996.2	13.5	−6.8
黄河区	945.9	−4.9	−9.3
淮河区	918.5	−3.2	−1.0
长江区	836.1	−6.9	−0.5
其中：太湖流域	828.1	−19.7	3.5
东南诸河区	884.9	−11.2	−3.6
珠江区	968.0	−0.9	−7.2
西南诸河区	1135.5	4.9	−0.5
西北诸河区	1150.8	−6.7	−20.1

注：多年平均值采用 1980—2000 年系列。

与 2022 年相比，2023 年海河区、辽河区分别增多 13.5％和 9.9％，东南诸河区、长江区、西北诸河区分别减少 11.2％、6.9％和 6.7％，其他 5 个一级区基本持平。

与多年平均值相比，2023 年西北诸河区、松花江区、黄河区、珠江区、海河区 5 个一级区年蒸发量分别偏少 20.1％、16.4％、9.3％、7.2％、6.8％，其他一级区基本持平。

三、代表站蒸发量

综合考虑蒸发站观测资料的完整性、所在区域蒸发特征的代表性选定 148 个蒸发量代表站，分析 2023 年蒸发量及其与历史情况对比。

2023 年，全国代表站蒸发量与 2022 年相比，长江区金安桥站增多最多，为 28.4％；黄河区红旗站减少最多，为－28.0％。2023 年全国代表站蒸发量与 2022 年比较见图 2-2。

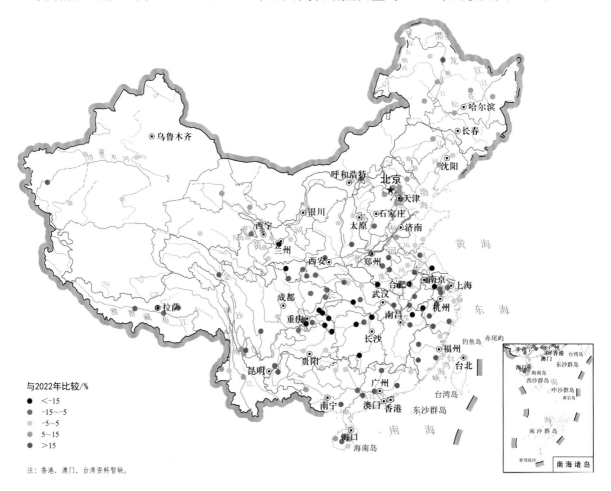

注：香港、澳门、台湾资料暂缺。

图 2-2　2023 年全国代表站蒸发量与 2022 年偏差百分比

2023 年，全国代表站蒸发量与多年平均值相比，长江区夹江站偏多 29.7％，辽河区通辽站偏少 37.1％，松花江区太平湖水库站偏少 35.7％。2023 年全国代表站蒸发量与多年平均值（建站至 2020 年）比较见图 2-3。

2023 年，松花江区代表站年蒸发量与 2022 年相比变化幅度为 3.5％～22.3％，石灰窑站增多 22.3％，其中 5 月、8 月分别增多 39mm 和 24mm。与多年平均值相比变化幅度

注：香港、澳门、台湾资料暂缺。

图 2-3 2023 年全国代表站蒸发量距平

为 $-35.7\%\sim8.1\%$，除石灰窑站偏多 8.1%、倭肯站偏多 7.0% 外，其余站均偏少，其中太平湖水库站偏少 35.7%，各月均偏少，4—6 月月蒸发量偏少 $45mm$ 以上。松花江区部分代表站逐月蒸发量见图 2-4。

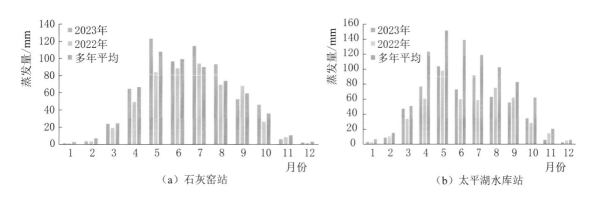

图 2-4 松花江区部分代表站 2023 年、2022 年及多年平均逐月蒸发量

2023 年，辽河区代表站年蒸发量与 2022 年相比变化幅度为 $2.0\%\sim7.2\%$，各代表站均增多，其中通辽站增多 7.2%，6 月增多 $35mm$。与多年平均值相比变化幅度为

−37.1%～22.2%，其中通辽站偏少37.1%，5—8月均偏少45mm以上；台安站偏多22.2%，除11月、12月偏少，各月均偏多，5月偏多37mm。辽河区部分代表站逐月蒸发量见图2-5。

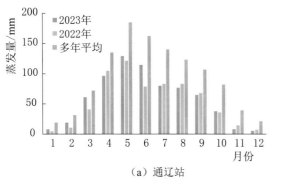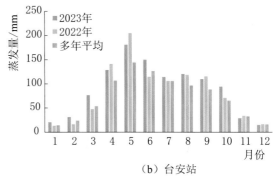

（a）通辽站　　　　　　　　　　　　　　（b）台安站

图2-5　辽河区部分代表站2023年、2022年及多年平均逐月蒸发量

2023年，海河区代表站年蒸发量与2022年相比变化幅度为−8.0%～19.5%，其中二道闸站增多19.5%，7月增多76mm。与多年平均值相比变化幅度为−20.8%～22.1%，其中宽城站、二道闸站分别偏多22.1%、18.7%，宽城站除4月、5月偏少，其余月份均偏多，6月偏多58mm。海河区部分代表站逐月蒸发量见图2-6。

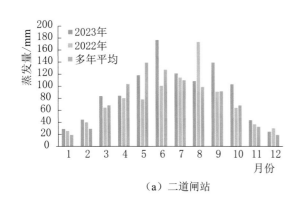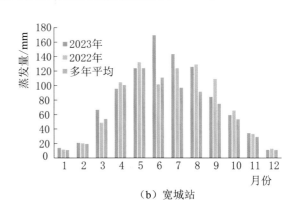

（a）二道闸站　　　　　　　　　　　　　　（b）宽城站

图2-6　海河区部分代表站2023年、2022年及多年平均逐月蒸发量

2023年，黄河区代表站年蒸发量与2022年相比变化幅度为−28.0%～23.1%，红旗站减少28.0%、张家山站减少13.0%，浍河水库站增多23.1%，其他站变化在±10%以内，其中红旗站各月均减少，3月、6月减少60mm以上，浍河水库站1—4月、12月月蒸发量增多超100%。与多年平均值相比变化幅度为−26.7%～10.3%，其中红旗站偏少26.7%，2月偏少55.7%。黄河区部分代表站逐月蒸发量见图2-7。

2023年，长江区代表站年蒸发量与2022年相比变化幅度为−27.0%～28.4%，云南境内的七星桥站、鹤庆站、石鼓站，四川境内的金安桥站、泸宁站和贵州的鸭池河站、施洞站增多，其余站均减少，减少超20%的代表站主要集中在重庆市，其中金安桥站增多28.4%，4—6月、9月增多明显，5月、9月分别增多122%、97%。与多年平均值相

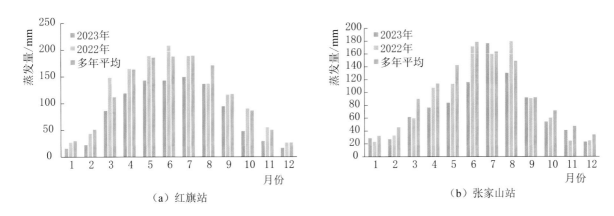

（a）红旗站　　　　　　　　　　　（b）张家山站

图 2-7　黄河区部分代表站 2023 年、2022 年及多年平均逐月蒸发量

比变化幅度为 −21.2％～29.7％，其中夹江站偏多 29.7％，4 月、7 月、9 月偏多明显，7 月偏多 31mm。长江区部分代表站逐月蒸发量见图 2-8。

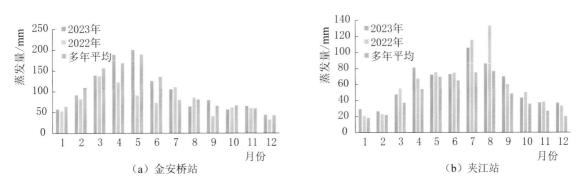

（a）金安桥站　　　　　　　　　　（b）夹江站

图 2-8　长江区部分代表站 2023 年、2022 年及多年平均逐月蒸发量

　　2023 年，淮河区代表站年蒸发量与 2022 年相比变化幅度为 −19.6％～4.2％，临沂站增多 4.2％、日照水库站增多 3.2％，其余站均减少，其中南湾站减少 19.6％，除 1 月增多外，其余月份均减少，6 月减少 47mm。与多年平均值相比变化幅度为 −19.8％～12.9％，其中南湾站偏少 19.8％，商丘站偏多 12.9％，除 12 月偏少，其余月份均偏多。淮河区部分代表站逐月蒸发量见图 2-9。

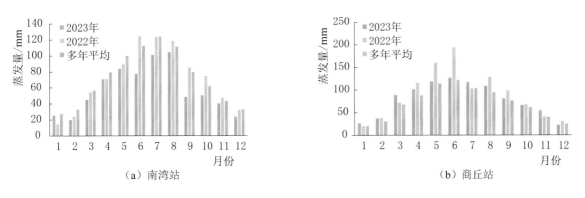

（a）南湾站　　　　　　　　　　　（b）商丘站

图 2-9　淮河区部分代表站 2023 年、2022 年及多年平均逐月蒸发量

2023年，东南诸河区代表站年蒸发量与2022年相比变化幅度为-17.0%～1.9%。白塔（湖塘坂）站增多1.9%，其他站均减少，其中屯溪站减少17.0%，8月减少53mm。与多年平均值相比变化幅度为-12.6%～16.9%，除窄溪站偏多16.9%、永嘉石柱站偏多12.9%、屯溪站偏少12.6%外，其他站变化在±10%以内，窄溪站各月均偏多，11月偏多20.5mm。东南诸河区部分代表站逐月蒸发量见图2-10。

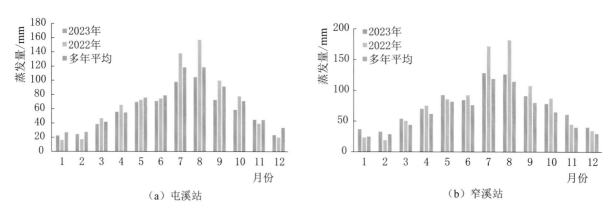

（a）屯溪站　　　　　　　　　　（b）窄溪站

图2-10　东南诸河区部分代表站2023年、2022年及多年平均逐月蒸发量

2023年，珠江区代表站年蒸发量与2022年相比变化幅度为-11.0%～20.9%，其中西桥站增多20.9%，5月增多106.5%。与多年平均值相比变化幅度为-15.8%～24.9%，其中荔波站偏多24.9%，除2月偏少2.0mm外，其余月均偏多，1月、10月偏多明显，分别偏多79.1%、66.8%。珠江区部分代表站逐月蒸发量见图2-11。

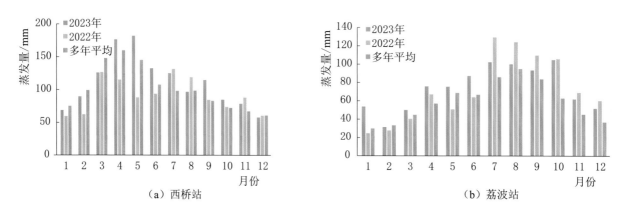

（a）西桥站　　　　　　　　　　（b）荔波站

图2-11　珠江区部分代表站2023年、2022年及多年平均逐月蒸发量

2023年，西北诸河区代表站年蒸发量与2022年相比变化幅度为-8.4%～13.8%，莺落峡站增多13.8%、昌马堡站增多13.1%，其他站变化在±10%以内，莺落峡站、昌马堡站8月分别增多69mm、54mm。与多年平均值相比变化幅度为-30.4%～20.5%，其中疏勒河昌马堡站偏少30.4%，4—10月均偏少50mm以上。西北诸河区部分代表站逐月蒸发量见图2-12。

2023年，西南诸河区代表站年蒸发量与2022年相比变化幅度为-14.5%～12.9%，其中日喀则站减少14.5%，3月、7—8月减少明显，7月减少59.5mm。与多年平均值相

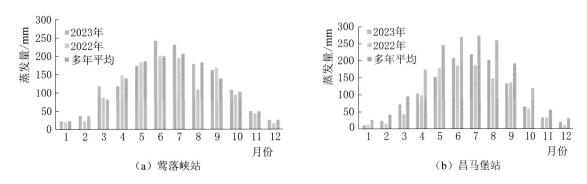

（a）莺落峡站　　　　　　　　　（b）昌马堡站

图 2－12　西北诸河区部分代表站 2023 年、2022 年及多年平均逐月蒸发量

比变化幅度为－19.1％～12.1％，除道街坝站、拉萨站外，其余站变化幅度均超±10％，其中羊村站偏少 19.1％，5—8 月偏少明显，6 月偏少 52.9mm。西南诸河区部分代表站逐月蒸发量见图 2－13。

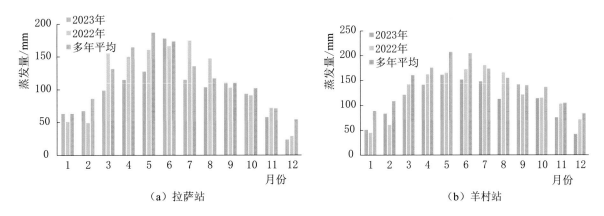

（a）拉萨站　　　　　　　　　（b）羊村站

图 2－13　西南诸河区部分代表站 2023 年、2022 年及多年平均逐月蒸发量

黄河源（龙虎 摄）

第三章
径 流

一、概述

2023 年，全国天然河川年径流量为 24633.5 亿 m^3，折合径流深为 260.4mm，比 2022 年减少 5.2％，比多年平均值偏少 7.2％。与 2022 年相比，北方区年径流量减少 4.5％，南方区年径流量减少 5.4％。与多年平均值相比，北方区年径流量偏多 11.0％，南方区年径流量偏少 10.8％。

二、分区径流量

2023 年各一级区天然河川年径流量（年径流深）及其与 2022 年和多年平均值比较见表 3-1 和图 3-1。

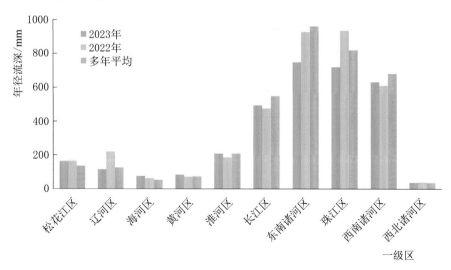

图 3-1　2023 年各一级区年径流深与 2022 年
和多年平均值比较

表 3-1　　　　　2023 年各一级区天然河川年径流量（年径流深）
及其与 2022 年和多年平均值比较

一级区	年径流量 /亿 m³	年径流深 /mm	与 2022 年比较 /%	与多年平均值比较 /%
全国	24633.5	260.4	-5.2	-7.2
松花江区	1515.0	164.5	-3.2	21.3
辽河区	362.1	115.3	-47.5	-7.9
海河区	245.1	76.7	21.0	43.0
黄河区	671.0	84.3	16.2	15.0
其中：上游	388.0	100.2	19.7	11.9
中游	252.9	73.6	15.8	20.7
下游	28.5	126.9	-13.8	15.9
淮河区	691.6	209.0	12.5	0.4
长江区	8803.2	493.5	3.7	-9.9
其中：上游	4026.9	409.2	9.3	-8.9
中游	4097.9	607.5	-5.3	-13.0
下游	678.4	542.4	42.5	5.4
其中：太湖流域	204.2	550.5	44.3	16.8
东南诸河区	1564.8	748.3	-19.4	-22.1
珠江区	4156.0	719.1	-23.1	-12.1
西南诸河区	5343.5	631.2	3.4	-7.1
西北诸河区	1281.2	38.1	-4.2	6.1

注： 多年平均值采用 1956—2016 年系列。鄂尔多斯径流计入黄河区，但未计入其上、中、下游区。

与 2022 年相比，2023 年北方区年径流量减少 4.5%，南方区年径流量减少 5.4%。海河区、黄河区、淮河区、长江区、西南诸河区 5 个一级区年径流量较上年增加，其中海河区增加 21.0%；辽河区、珠江区、东南诸河区、西北诸河区、松花江区 5 个一级区年径流量较上年减少，其中辽河区、珠江区分别减少 47.5%、23.1%。

与多年平均值相比，2023 年北方区年径流量偏多 11.0%，南方区年径流量偏少 10.8%。海河区、松花江区、黄河区、西北诸河区、淮河区 5 个一级区年径流量较多年平均偏多，其中海河区、松花江区分别偏多 43.0%、21.3%；东南诸河区、珠江区、长江区、辽河区、西南诸河区 5 个一级区年径流量较多年平均偏少，其中东南诸河区偏少 22.1%。

三、代表站径流量

（一）全国代表站径流量

综合考虑流量观测资料系列的长度与完整性、代表性，选定全国大江大河 415 处国家基本水文站进行径流量分析，其中部分代表站进行天然径流量还原计算。全国主要河流代表站实测和天然径流量见表 3-2。

表 3-2 主要河流代表站实测与天然径流量

一级区	河 流	代表站	集水面积 /万 km²	实测年径流量/亿 m³			天然年径流量/亿 m³		
				2023 年	2022 年	多年平均	2023 年	2022 年	多年平均
松花江区	松花江	哈尔滨	38.98	461.2	491.2	406.3	617.3	651.6	443.4
	嫩江	江桥	16.26	196.3	200.7	205.0	236.3	224.8	218.7
	第二松花江	扶余	7.18	149.1	210.7	148.6	149.1	210.7	148.6
辽河区	辽河	铁岭	12.08	37.90	91.43	29.17	40.81	97.57	34.21 *
	辽河	巴林桥	1.12	2.462	2.727	4.965	2.762	3.093	5.260
	浑河	邢家窝棚	1.11	17.66	36.64	19.69	21.47	45.92	26.66
海河区	滦河	滦县	4.41	7.762	17.71	30.87	17.10	25.78	35.44
	潮白河	张家坟	0.85	3.164	1.745	4.384	3.311	1.517	4.231
	永定河	石匣里	2.36	3.111	4.041	4.300	3.580	4.954	7.411
	漳河	观台	1.78	12.26	8.022	8.110	14.12	8.961	13.29
	卫河	元村集	1.43	27.97	22.66	7.610	29.25	19.07	13.62 *
黄河区	黄河	利津	75.19	226.5	260.9	294.8	573.8	510.3	498.8
	黄河	花园口	73.00	307.1	321.7	374.1	567.4	479.4	493.6
	黄河	头道拐	36.79	173.4	170.2	213.6	334.7	272.7	315.6
	黄河	兰州	22.26	294.0	301.9	320.9	352.6	294.3	332.2
	湟水	民和	1.53	16.28	19.52	16.91	26.03	25.14	21.01 *
	渭河	华县	10.65	73.88	54.99	66.79	110.4	86.04	78.13 *
	北洛河	洑头	2.56	6.157	5.781	7.810	8.157	7.600	8.353
	伊洛河	黑石关	1.86	37.34	16.54	24.96	44.14	21.43	27.16 *
淮河区	淮河	蚌埠（吴家渡）	12.13	201.5	118.0	267.0	226.8	157.1	302.7 *
	淮河	王家坝	3.06	92.54	45.23	88.32	103.1	51.00	103.8
	淮河	鲁台子	8.86	176.2	104.8	211.5	193.3	138.3	251.2 *
	史灌河	蒋家集	0.59	11.53	12.09	23.05	21.38	29.16	33.59 *
	沂河	临沂	1.03	15.29	26.18	20.30	21.01	30.10	25.99

续表

一级区	河流	代表站	集水面积/万 km²	实测年径流量/亿 m³			天然年径流量/亿 m³		
				2023 年	2022 年	多年平均	2023 年	2022 年	多年平均
长江区	长江	大通	170.54	6720	7712	9080	7754	8333	9442
	长江	宜昌	100.55	3505	3623	4416	3864	3788	4464
	长江	向家坝	45.88	1208	1276	1429	1264	1374	1448
	岷江	高场	13.54	670.3	704.2	866.1	709.0	744.6	908.0
	乌江	武隆	8.30	301.4	356.0	489.0	368.9	357.5	504.0
	嘉陵江	北碚	15.67	539.5	488.3	649.6	596.1	541.3	673.0
	汉江	皇庄	14.21	407.6	312.3	454.2	627.9	370.7	496.0
	鄱阳湖	湖口	16.22	1222	1430	1518	1332	1554	1598
东南诸河区	钱塘江	兰溪	1.82	117.0	188.2	176.6	132.0	200.2	186.8
	闽江	竹岐	5.45	432.0	570.2	539.3	428.3	579.4	539.2
珠江区	西江	梧州	32.7	1131	2171	2028	1136	2177	2110 *
	西江	迁江	12.89	325.7	607.6	646.4	330.8	615.2	661.7 *
	西江	小龙潭	1.54	11.37	21.27	30.92	20.27	25.69	34.42
	柳江	柳州	4.54	150.0	431.8	404.1	150.2	439.4	436.8
西北诸河区	疏勒河	昌马堡	1.10	11.77	14.89	10.28	11.87	14.89	10.28
	黑河	莺落峡	1.00	13.48	18.70	16.64	13.48	18.70	16.64
	格尔木河	格尔木	1.96	7.721	8.950	7.900	8.715	9.663	8.114
	阿克苏河	西大桥	4.35	49.25	77.52	63.57	73.23	101.9	63.57
	开都河	大山口	1.90	38.93	34.13	27.39	38.93	34.13	27.39
	车尔臣河	且末	2.68	7.185	7.353	6.082	7.185	7.353	6.082

注：表中 * 标注的多年平均值为 1956—2016 年系列的平均值，未标注的多年平均值为建站—2020 年流量系列的平均值。

1. 与 2022 年实测径流量比较

全国代表站 2023 年实测径流量与 2022 年比较见图 3－2。全国呈现实测径流量增加和减少区域间隔出现的形势。

代表站径流量较 2022 年显著增加的区域有松花江中下游支流、海河南部、淮河和长江中下游北部地区。其中松花江支流呼兰河、拉林河、雅鲁河、牡丹江、倭肯河增加 24.4%～185.4%，海河区永定河、滹沱河、漳河、卫河增加 23.4%～79.3%，黄河支流渭河华县站增加 34.4%，淮河区蚌埠（吴家渡）站增加 70.8%，长江支流汉江皇庄站增加 30.5%。

较 2022 年显著减少的区域主要有松花江干流及上游、辽河及海河北部、黄河中上游北部支流、长江以南，以及西北诸河大部分地区。其中松花江上游库漠屯站减少 25.5%，辽河铁岭站减少 58.6%，滦河滦县站减少 56.2%，黄河干流利津站减少 13.3%，黄河支

年径流量偏差比/%
- ● <-15
- ● -15~-5
- ○ -5~5
- ◐ 5~15
- ● ≥15

注：香港、澳门、台湾资料暂缺。

图 3-2　2023 年代表站实测径流量与 2022 年偏差百分比

流湟水、泾河和汾河代表站减少 9.6%～28.2%，淮河区沂河临沂站减少 41.6%，长江大通站减少 12.9%，长江支流雅砻江、乌江、赣江代表站减少 13.0%～19.5%，东南诸河区钱塘江、闽江分别减少 40.8% 和 24.2%，珠江区西江、北江和韩江减少 12.9%～47.9%。

2. 与多年平均实测径流量比较

全国代表站 2023 年实测径流量与多年平均值比较见图 3-3。松花江上游、海河北部至辽河上游、长江以南大部分地区呈现枯水形势。

与多年平均实测径流量相比，丰水区主要有松花江下游支流和辽河下游，海河区永定河以南，汉江上游，以及西北诸河西南部。其中松花江下游支流拉林河、雅鲁河、牡丹江偏多 61.2%～92.3%，辽河铁岭站偏多 29.9%，海河区永定河、滹沱河、漳河、卫河分别偏多 26.0%～267.5%，黄河支流伊洛河黑石关偏多 49.6%，长江支流汉江上游白河站偏多 30.5%，西北诸河中塔里木河、克里雅河、车尔臣河和开都河代表站偏多 15.8%～42.1%。

与多年平均实测径流量相比，枯水区域主要有松花江上游，西辽河上游至海河北部诸河，黄河干流及中游北部支流，淮河干流，以及长江以南大部分地区。其中松花江上

年径流量偏差比/%
- ● <-15
- ● -15～-5
- ○ -5～5
- ● 5～15
- ● ≥15

注：香港、澳门、台湾资料暂缺。

图3-3 2023年代表站实测径流量距平

游库漠屯站偏少46.4%，辽河上游巴林桥站偏少50.4%、滦河滦县站和潮白河张家坟站分别偏少74.9%和27.8%、漳河观台站和卫河元村集站分别偏多51.2%和267.5%，黄河干流头道拐站和利津站分别偏少18.8%和23.2%，淮河干流蚌埠（吴家渡）站偏少24.5%，长江干流大通站偏少26.0%，支流岷江、乌江、嘉陵江偏少16.9%～38.4%，珠江区西江、北江、东江、韩江偏少12.6%～45.6%，西北诸河区黑河莺落峡站偏少19.0%。

3. 与2022年天然径流量比较

全国代表站2023年天然径流量与2022年比较见图3-4。松花江部分支流、海河区潮白河及漳卫河、长江中游北部部分支流的天然径流量较2022年增加。松花江上游、辽河、海河区部分河流，黄河上游支流、东南诸河、珠江大部分河流、西北诸河区多条河流等天然径流量较2022年天然径流量减少。

松花江支流拉林河蔡家沟站和牡丹江的牡丹江站分别增加90.7%和66.0%，海河区潮白河张家坟站、漳河观台站和卫河元村集站分别增加118.3%、57.6%和53.4%，淮河中游鲁台子站增加39.8%、蚌埠（吴家渡）站增加44.4%，黄河上游兰州站增加19.8%、下游利津站增加12.5%，长江支流汉江上游白河站增加77.1%。

第二松花江扶余站减少 29.2%，辽河铁岭站和浑河邢家窝棚站分别减少 58.2% 和 53.2%，滦河滦县站减少 33.7%，淮河区沂河临沂站减少 30.2%，黄河上游支流湟水天堂站减少 33.5%，长江上游寸滩站减少 2.53%、下游大通站减少 6.9%，西南诸河区钱塘江兰溪站和闽江竹岐站分别减少 34.1% 和 26.1%，珠江区西江、北江、东江、韩江代表站减少 12.6%～47.8%，西北诸河区阿克苏河西大桥站、塔里木河新渠满站、黑河莺落峡站和疏勒河昌马堡站分别减少 28.1%、56.2%、27.9% 和 20.3%。

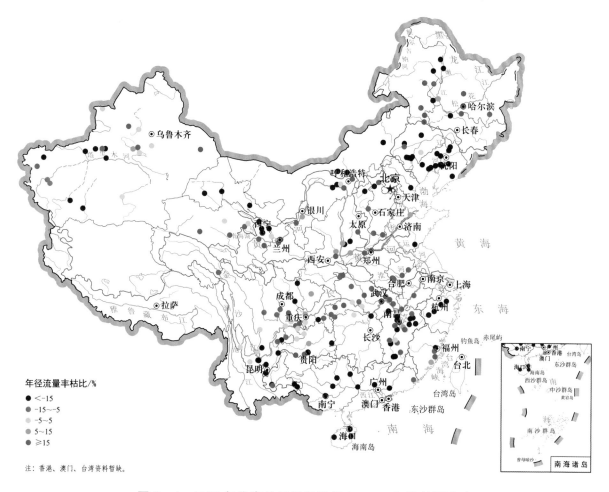

图 3－4　2023 年代表站天然径流量与 2022 年偏差百分比

4. 与多年平均天然径流量比较

全国代表站 2023 年天然径流量与多年平均值比较见图 3－5。松花江干流及南部支流、长江中游北部部分支流、西北诸河部分河流的天然径流量较多年平均天然径流量偏多；辽河上游、海河北系诸河、长江以南大部分地区天然径流量较多年平均值显著偏少。

松花江干流哈尔滨站较多年平均天然径流量偏多 39.2%，支流拉林河蔡家沟站和牡丹江站分别偏多 90.7% 和 66.0%，海河区卫河元村集站偏多 114.8%，黄河上游兰州站偏多 6.2%、下游利津站偏多 15.0%，汉江上游白河站偏多 30.5%，西北诸河区塔里木河上游、阿克苏河、克里雅河、车尔臣河、开都河、疏勒河等偏多 15.2%～42.1%。

辽河上游巴林桥站较多年平均天然径流量偏少46.1%，海河区滦河、潮白河、永定河上游代表站偏少21.7%～51.8%，淮河中游鲁台子站偏少23.0%、蚌埠（吴家渡）站偏少14.8%、淮河支流史灌河蒋家集站偏少36.4%、沂河临沂站偏少19.2%、长江上游寸滩站偏少21.1%、下游大通站偏少26.0%，东南诸河区钱塘江兰溪站、闽江竹岐站分别偏少29.3%和20.6%，珠江区西江梧州站偏少46.2%，北江、东江、韩江代表站偏少12.3%～21.6%。

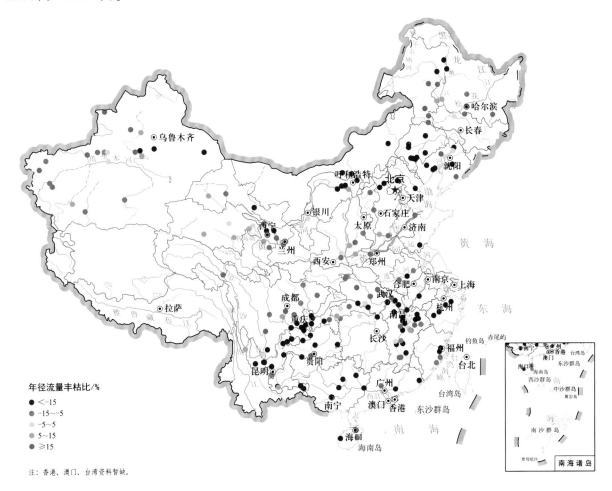

注：香港、澳门、台湾资料暂缺。

图3-5　2023年代表站天然径流量距平

（二）分区代表站径流量

1. 松花江区

2023年，松花江区实测年径流量与2022年相比，松花江干流哈尔滨站减少6.1%，嫩江柳家屯站、古城子站、江桥站分别减少36.2%、4.5%和2.2%，第二松花江扶余站减少29.2%，松花江下游支流蔡家沟站、莲花站、牡丹江站、倭肯站分别增加51.6%、42.1%、24.4%和185.4%。

与多年平均实测年径流量相比，松花江干流哈尔滨站偏多13.5%，嫩江柳家屯站、古城子站、江桥站分别偏少44.1%、17.1%和4.2%，松花江下游支流蔡家沟站、莲花站、牡丹江站和倭肯站分别偏多90.7%、47.7%、68.1和16.1%。松花江区部分代表站

2023 年、2022 年和多年平均逐月实测径流量见图 3-6。

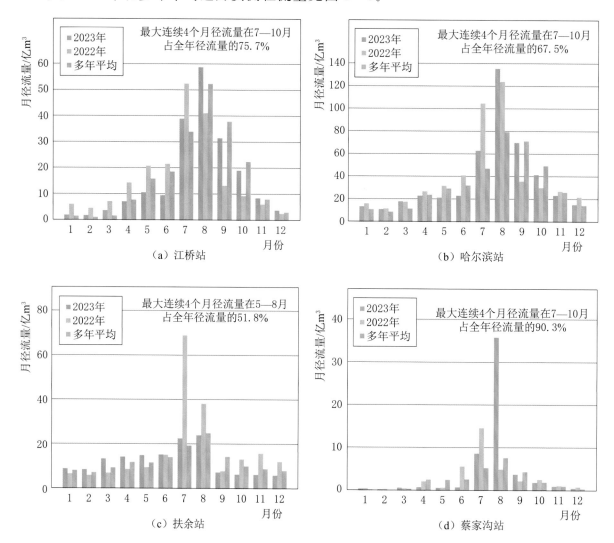

图 3-6 松花江区部分代表站 2023 年、2022 年和多年平均逐月实测径流量

2. 辽河区

2023 年，辽河区实测年径流量与 2022 年相比，辽河上游巴林桥站和兴隆坡站分别减少 9.7％和 75.2％，下游铁岭站减少 58.6％。大凌河凌海站减少 53.1％。浑河邢家窝棚站、太子河葠窝水库站分别减少 51.8％和 54.3％。

与多年平均实测年径流量相比，辽河上游巴林桥站和兴隆坡站偏少 50.4％和 96.0％，下游铁岭站偏多 29.9％。大凌河凌海站偏少 14.6％。浑河邢家窝棚站、太子河葠窝水库站分别偏少 10.3％和 21.8％。辽河区部分代表站 2023 年、2022 年和多年平均逐月实测径流量见图 3-7。

3. 海河区

2023 年，海河区实测年径流量与 2022 年相比，滦河滦县站减少 56.2％，潮白河张家坟站增加 81.3％，永定河石匣里站减少 23.0％、雁翅站增加 32.1％、屈家店站增加 32.0％，漳卫河观台站、元村集站分别减少 52.8％和 23.4％，滹沱河小觉站减少 7.0％，

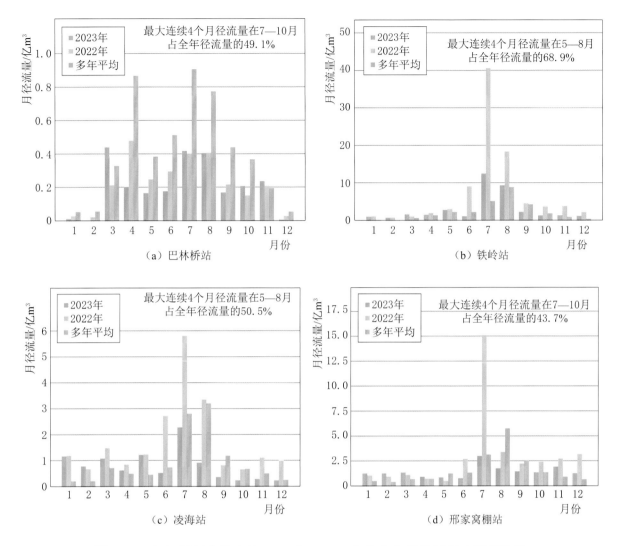

图 3－7　辽河区部分代表站 2023 年、2022 年和多年平均逐月实测径流量

北中山站增加 79.3％，滏阳河艾辛庄站增加 26.0％。

与多年平均实测年径流量相比，滦河滦县站偏少 74.9％，潮白河张家坟站偏少 27.8％，永定河石匣里站偏少 27.7％、雁翅站偏多 26.0％、屈家店站偏多 678.8％，漳卫河观台站和元村集站分别偏多 51.2％ 和 267.5％，滹沱河小觉站和北中山站分别偏多 17.5％ 和 185.0％，滏阳河艾辛庄站偏多 384.0％，衡水站偏少 81.8％。海河区部分代表站 2023 年、2022 年和多年平均逐月实测径流量见图 3－8。

4. 黄河区

2023 年，黄河区实测年径流量与 2022 年相比，黄河干流上游兰州站减少 2.6％、头道拐站增加 1.9％，中游潼关站增加 2.5％，下游利津站和花园口站分别减少 13.3％ 和 4.5％。支流洮河岷县站、红旗站分别增加 43.0％ 和 44.9％，湟水民和站和孕大滩站分别减少 16.6％ 和 33.7％，无定河白家川站减少 22.3％，泾河张家山站减少 9.0％，渭河华县站增加 34.4％，汾河河津站减少 28.8％，伊洛河黑石

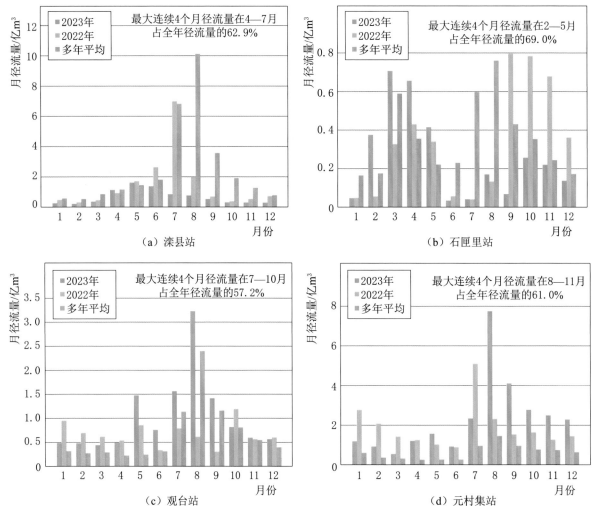

图 3-8　海河区部分代表站 2023 年、2022 年和多年平均逐月实测径流量

关站增加 125.8%。

与多年平均实测年径流量相比，黄河干流上游兰州站和头道拐站分别偏少 8.4% 和 18.8%，中游潼关站偏少 16.0%，下游利津站和花园口站分别偏少 23.2% 和 17.9%。支流洮河岷县站、红旗站分别偏少 10.3% 和 11.4%，湟水民和站和尕大滩站分别偏少 3.7% 和 10.5%，无定河白家川站偏少 32.3%，北洛河洑头站偏少 21.2%，泾河张家山站偏少 20.9%，渭河华县站偏多 10.6%，伊洛河黑石关站偏多 49.6%。黄河区部分代表站 2023 年、2022 年和多年平均逐月实测径流量见图 3-9。

5. 淮河区

2023 年，淮河区实测年径流量与 2022 年相比，淮河干流息县站增加 73.7%，王家坝站增加 104.6%，鲁台子站增加 68.1%，蚌埠（吴家渡）站增加 70.8%。沂河临沂站减少 41.6%。

与多年平均实测径流量相比，淮河干流息县站偏多 5.7%，鲁台子站偏少 16.7%，王家坝站偏多 4.8%，蚌埠（吴家渡）站偏少 24.5%，支流史灌河蒋家集站偏少 50.0%。

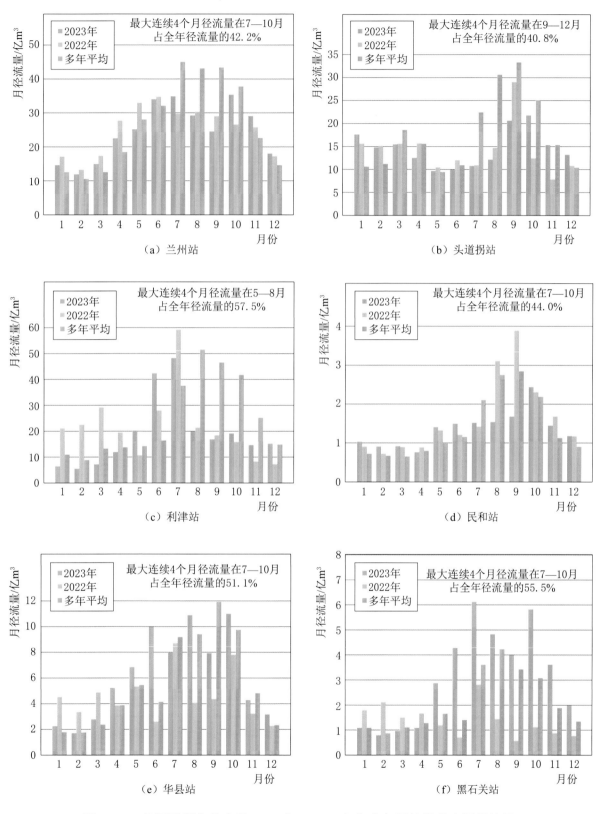

图 3 - 9 黄河区部分代表站 2023 年、2022 年和多年平均逐月实测径流量

沂河临沂站偏少24.7%。淮河区部分代表站2023年、2022年和多年平均逐月实测径流量见图3-10。

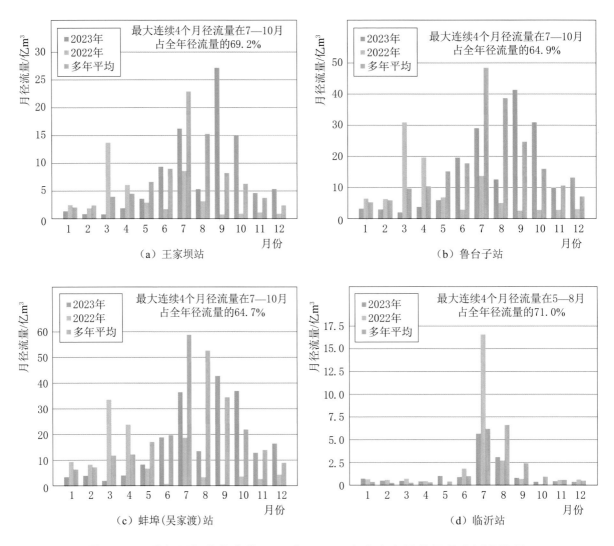

图3-10 淮河区部分代表站2023年、2022年和多年平均逐月实测径流量

6.长江区

2023年，长江区实测年径流量与2022年相比，长江干流源区直门达站增加46.5%，上游向家坝站减少5.3%，寸滩站减少2.5%，中游宜昌站和汉口站减少3.3%和13.7%，下游大通站减少12.9%；支流雅砻江泸宁站减少19.5%，米易站减少34.3%，岷江彭山站增加12.0%，高场站减少4.8%，大渡河泸定站减少6.1%，嘉陵江北碚站增加10.5%，乌江武隆站减少15.3%，汉江皇庄站增加30.5%，赣江外洲站减少13.0%。太湖流域黄浦江松浦大桥站增加6.8%。

与多年平均实测径流量相比，长江干流源区直门达站偏多69.3%，上游向家坝站偏少15.5%，寸滩站偏少21.1%，中游宜昌站和汉口站偏少20.6%和26.9%，下游大通站偏少26.0%；支流雅砻江泸宁站和米易站分别偏少83.8%和46.6%，岷江彭山站和高场站分别偏少23.9%和22.6%，大渡河泸定站偏少7.1%，嘉陵江北碚站偏少16.9%，乌江武隆站偏少

38.4%，汉江皇庄站偏少 10.3%，赣江外洲站偏少 15.7%。太湖流域黄浦江松浦大桥站偏多 28.9%。长江江区部分代表站 2023 年、2022 年和多年平均逐月实测径流量见图 3－11。

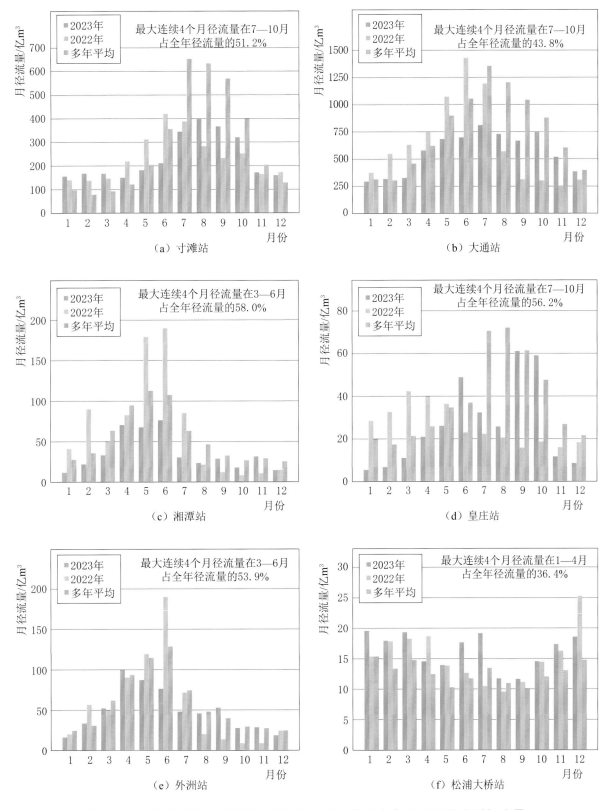

图 3－11　长江区部分代表站 2023 年、2022 年和多年平均逐月实测径流量

7. 东南诸河区

2023 年，东南诸河区实测径流量与 2022 年相比，钱塘江兰溪站减少 37.8%，之江站减少 40.8%；瓯江鹤城站减少 34.6%；姚江大闸站减少 33.4%；椒江柏枝岙站减少 34.2%；闽江上游沙县（石桥）站减少 27.3%，下游竹岐站减少 24.2%；九龙江浦南站减少 20.1%。

与多年平均实测年径流量相比，钱塘江兰溪站偏少 33.8%、之江站偏少 52.5%；瓯江鹤城站偏少 40.4%；姚江大闸站偏少 50.9%；椒江柏枝岙站偏少 45.5%；闽江上游沙县（石桥）站偏少 26.9%，下游竹岐（二）站偏少 19.9%；九龙江浦南站偏少 28.3%。东南诸河区部分代表站 2023 年、2022 年和多年平均逐月实测径流量见图 3−12。

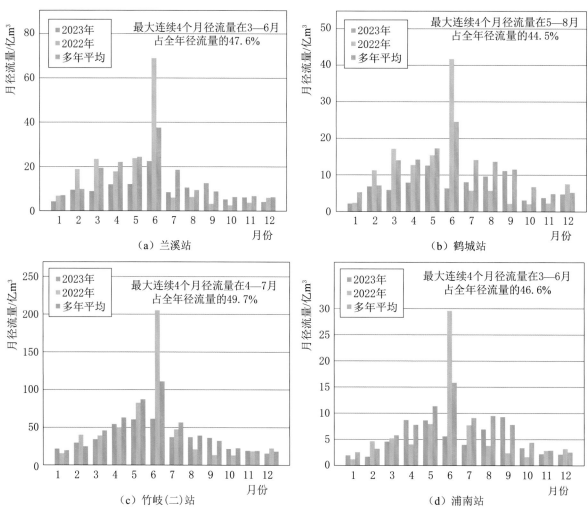

图 3−12　东南诸河区部分代表站 2023 年、2022 年和多年平均逐月实测径流量

8. 珠江区

2023 年，珠江区实测年径流量与 2022 年相比，西江上游小龙潭站减少 46.5%，中游迁江站减少 46.4%，下游梧州站减少 47.9%，支流郁江南宁站减少 38.9%，柳江柳州站减少 65.3%。北江石角站减少 37.7%。东江博罗站减少 11.3%。韩江潮安站减少 12.3%。南渡江龙塘站减少 18.9%。

与多年平均实测年径流量相比，西江上游小龙潭站偏少 63.2％，中游迁江站偏少 49.6％，下游梧州站偏少 45.6％，支流郁江南宁站偏少 41.4％，柳江柳州站偏少 62.9％。珠江区其他河流中，东江博罗站偏少 28.9％，北江石角站偏少 15.7％，韩江潮安站偏少 21.9％。海南岛南渡江龙塘站偏多 2.9％。珠江区部分代表站 2023 年、2022 年和多年平均逐月实测径流量见图 3－13。

9. 西北诸河区

2023 年，西北诸河区实测年径流量与 2022 年相比，塔里木河卡群站减少 13.1％、新渠满站减少 56.2％；开都河焉耆站减少 2.8％；格尔木河格尔木站减少 13.7％；黑河中游正义峡站减少 39.9％、下游莺落峡站减少 27.9％；疏勒河昌马堡站减少 21.0％。

与多年平均实测年径流量相比，塔里木河卡群站偏多 15.8％、新渠满站偏多 1.7％；开都河焉耆站偏多 5.0％；格尔木河格尔木站偏少 2.3％；黑河中游正义峡站偏少 22.5％、下游莺落峡站偏少 19.0％；疏勒河昌马堡站偏多 14.5％。西北诸河区部分代表站 2023 年、2022 年和多年平均逐月实测径流量见图 3－14。

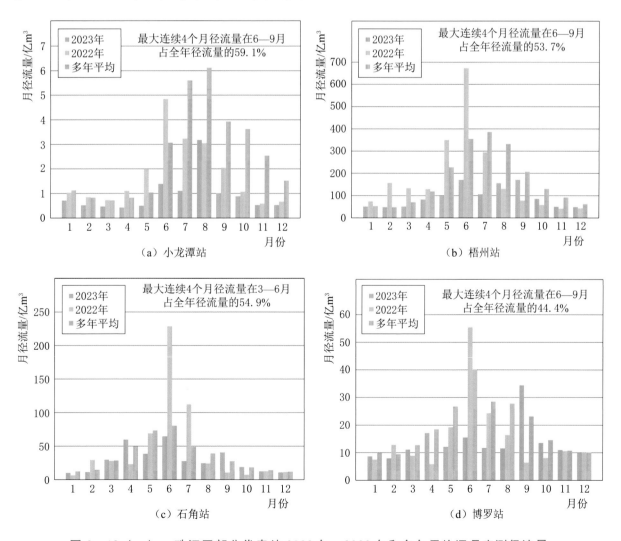

图 3－13（一）　珠江区部分代表站 2023 年、2022 年和多年平均逐月实测径流量

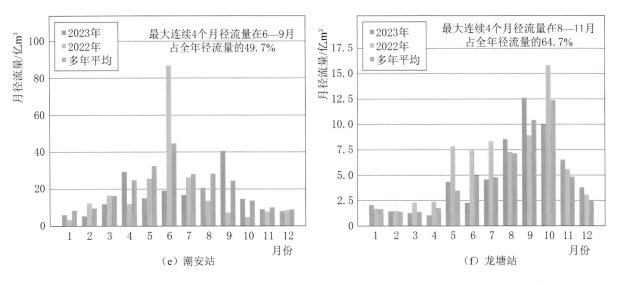

图 3-13（二）　珠江区部分代表站 2023 年、2022 年和多年平均逐月实测径流量

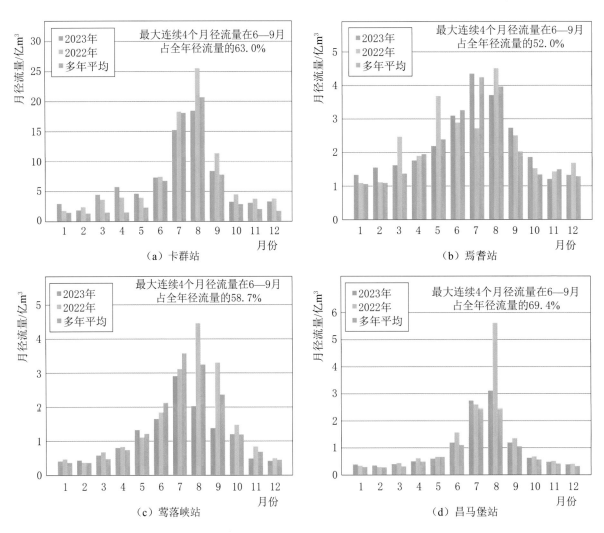

图 3-14　西北诸河区部分代表站 2023 年、2022 年和多年平均逐月实测径流量

四、代表站水位流量过程

1. 松花江区

(1) 江桥水文站，位于嫩江干流，2023 年逐日水位-流量过程见图 3-15。2023 年 7—9 月，嫩江受降雨影响出现洪水过程，江桥站最高水位为 139.89m，发生在 8 月 8 日，最大洪峰流量为 4710m³/s，发生在 8 月 7 日。江桥站全年最低水位为 134.55m，发生在 3 月 31 日，最小流量为 64.5m³/s，发生在 1 月 31 日。江桥站年平均水位为 135.67m，年平均流量为 623m³/s，年径流总量为 196.3 亿 m³（在 82 年实测系列中排第 42 位）。

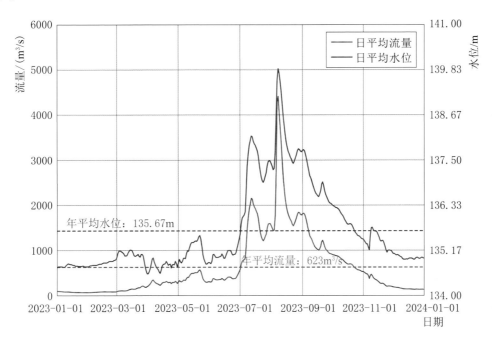

图 3-15　江桥站 2023 年日平均水位-流量过程

(2) 哈尔滨水文站，位于松花江干流，2023 年逐日水位-流量过程见图 3-16。2023 年 7—9 月，哈尔滨站形成单峰洪水过程，最高水位为 117.62m，发生在 8 月 15 日，最大洪峰流量为 6600m³/s，发生在 8 月 13 日。哈尔滨站最低水位为 114.65m，发生在 5 月 14 日，最小流量为 451m³/s，发生在 1 月 29 日。哈尔滨站年平均水位为 115.84m，年平均流量为 1460m³/s，年径流量为 461.2 亿 m³（在 120 年实测年径流量系列中排第 35 位）。

(3) 蔡家沟水文站，位于松花江支流拉林河，2023 年逐日水位-流量过程见图 3-17。2023 年 8 月上旬受强降水影响拉林河干流水位全线上涨，形成拉林河 2023 年第 1 号洪水，蔡家沟站形成单峰洪水过程，全年最高水位为 142.66m，最大洪峰流量为 5150 m³/s，均发生在 8 月 7 日。全年最低水位为 135.20m，发生在 5 月 3 日，最小流量为 10.0m³/s，发生在 2 月 15 日。蔡家沟站年平均水位为 136.15m，年平均流量为 177 m³/s，年径流量为 55.76 亿 m³（在 71 年的实测年径流量系列中排第 4 位）。

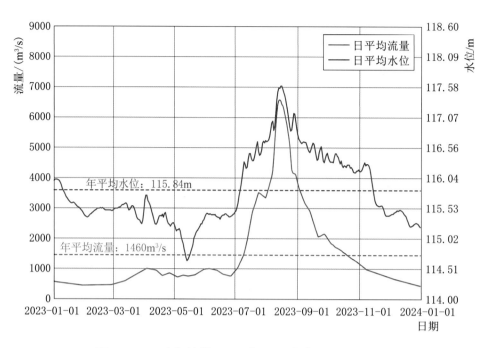

图 3-16 哈尔滨站 2023 年日平均水位-流量过程

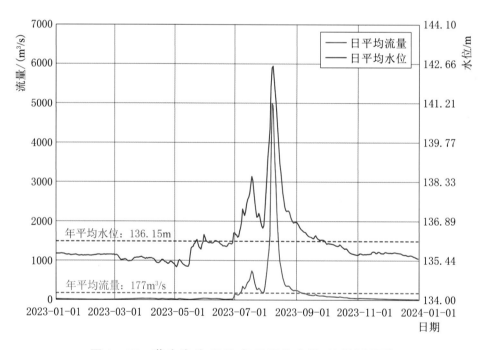

图 3-17 蔡家沟站 2023 年日平均水位-流量过程线

2. 辽河区

铁岭水文站，位于辽河干流，2023 年逐日水位-流量过程见图 3-18。2023 年 7—8 月，铁岭站形成双峰洪水过程，最高水位为 56.43m，最大洪峰流量为 823m³/s，均发生在 8 月 8 日。全年最低水位为 51.48m，最小流量为 24.3m³/s，均发生在 7 月 1 日。铁岭站年平均水位为 52.32m，年平均流量为 120m³/s，年径流量为 37.90 亿 m³（在 71 年的实测年径流量系列中排第 20 位）。

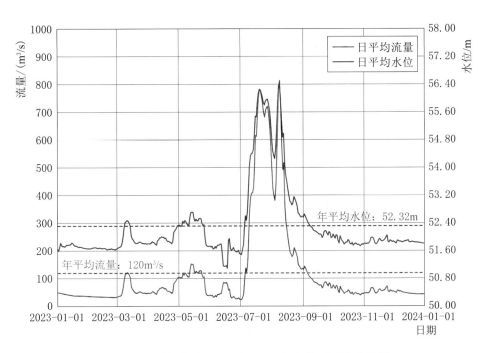

图 3-18　铁岭站 2023 年日平均水位-流量过程线

3. 海河区

（1）观台水文站，位于漳卫南运河水系的漳河，2023 年逐日水位-流量过程见图 3-19。观台水文站全年最高水位为 150.16m，发生在 7 月 30 日，最大洪峰流量为 988m³/s，发生在 7 月 31 日；最低水位为河干，最小流量为 0.0m³/s，发生在 3 月 6

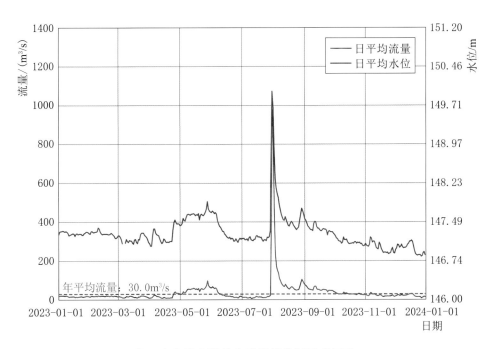

注：水位线中断处为当日部分河干或河干。

图 3-19　观台站 2023 年日平均水位-流量过程

日。年平均流量为 30.0m³/s，年径流总量为 12.26 亿 m³（在 99 年实测年径流量系列中排第 20 位）。

（2）元村集水文站，位于海河区西南部漳卫南运河水系的卫河，2023 年逐日水位-流量过程线见图 3-20。元村集水文站全年最高水位为 46.61m，最大洪峰流量为 725m³/s，均发生在 8 月 2 日；最低水位为 38.37m，最小流量为 0.8m³/s，均发生在 6 月 16 日。年平均水位为 40.55m，年平均流量为 88.5m³/s。

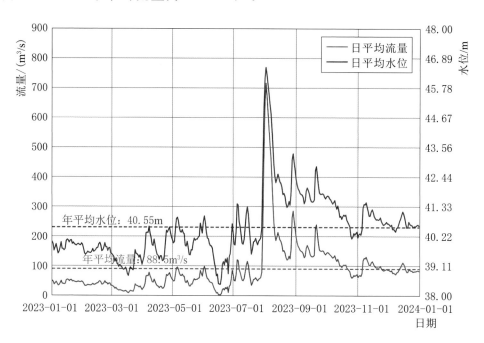

图 3-20　元村集站 2023 年日平均水位-流量过程

（3）张坊水文站，位于海河区拒马河，2023 年逐日水位-流量过程线见图 3-21。2023 年 7 月下旬发生暴雨洪水形成最高水位 109.28m，最大洪峰流量为 7330m³/s，发生在 7 月 31 日；张坊水文站 5—7 月部分时段发生河干，年平均流量为 41.9m³/s。

4. 黄河区

（1）华县水文站，位于黄河支流渭河，2023 年逐日水位-流量过程见图 3-22。华县水文站全年最高水位为 342.98m，最大洪峰流量为 2090m³/s，均发生在 6 月 6 日，全年最低水位为 337.44m，发生在 11 月 22 日，最小流量为 25.6m³/s，发生在 3 月 15 日。华县站年平均水位为 338.39m，年平均流量为 234m³/s，年径流总量为 73.88 亿 m³（在 74 年实测年径流量系列中排第 28 位）。

（2）利津水文站，位于黄河干流下游，2023 年逐日水位-流量过程见图 3-23。利津水文站全年最高水位为 11.40m，最大洪峰流量为 3780m³/s，均发生在 7 月 3 日；全年最低水位为 7.66m，最小流量为 143m³/s，均发生在 2 月 27 日。年平均水位为 8.87m，年平均流量为 718m³/s，年径流总量为 226.5 亿 m³（在 74 年实测年径流量系列中排第 43 位）。

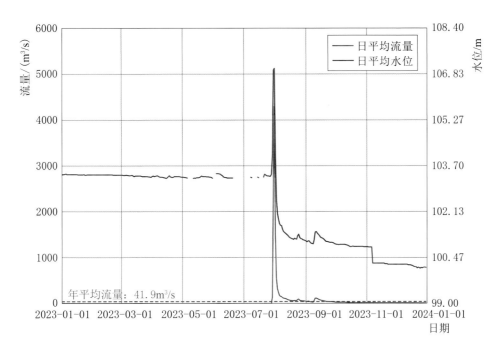

注：1. 水位线中断处为当日部分河干或河干。

2. 11月7日至12月31日加固桥墩，施工导流期间采用临时水尺观测资料整编。

图 3-21 张坊站 2023 年日平均水位-流量过程

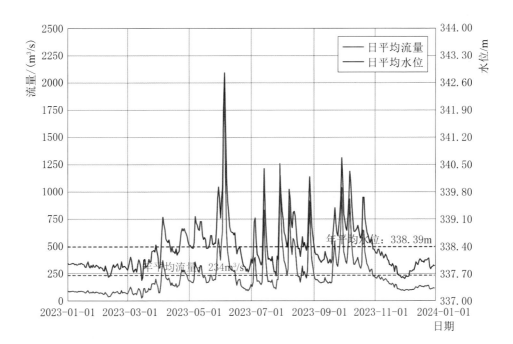

图 3-22 华县站 2023 年日平均水位-流量过程

5. 淮河区

鲁台子水文站，位于淮河干流，2023年逐日水位-流量过程见图3-24。鲁台子水文站全年最高水位为20.78m，发生在9月28日，最大洪峰流量为3750m³/s，发生在9月27日；最低水位为17.72m，发生在8月21日，最小流量为11.0m³/s，发生在2月26

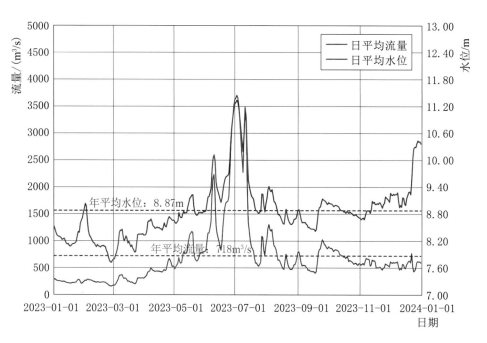

图 3 - 23 利津站 2023 年日平均水位-流量过程

日。年平均水位为 18.49m，年平均流量为 558m³/s，年径流总量为 176.2 亿 m³（在 73 年实测年径流量系列中排第 42 位）。

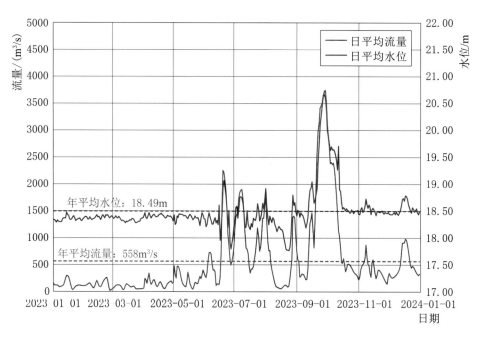

图 3 - 24 鲁台子站 2023 年日平均水位-流量过程

6. 长江区

（1）寸滩水文站，位于长江干流上游，为三峡水库入库水文测站之一，2023 年逐日水位-流量过程见图 3 - 25。寸滩水文站全年最高水位为 175.85m，发生在 10 月 16 日，最大洪峰流量为 30700m³/s，发生在 7 月 28 日；最低水位为 159.21m，最小流量为

$3760\mathrm{m^3/s}$，均发生在 1 月 25 日。年平均水位为 165.49m，年平均流量为 8810$\mathrm{m^3/s}$，年径流总量为 2779 亿 $\mathrm{m^3}$（在 131 年的实测年径流系列中排第 127 位）。

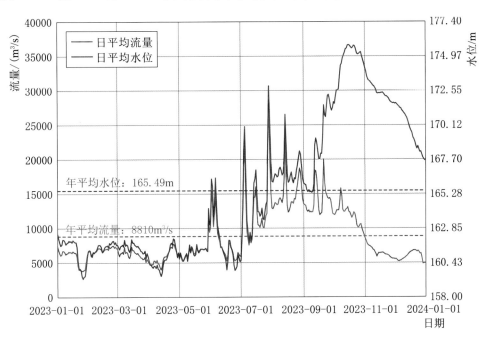

图 3-25 寸滩站 2023 年日平均水位-流量过程

（2）大通水文站，位于长江干流下游，2023 年逐日水位-流量过程见图 3-26。大通水文站全年最高水位为 10.41m，发生在 7 月 2 日，最大洪峰流量为 38300$\mathrm{m^3/s}$，发生在 7 月 1 日；最低水位为 3.89m，发生在 2 月 1 日，最小流量为 7180$\mathrm{m^3/s}$，发生在 3 月 22 日。年平均水位为 6.82m，年平均流量为 21300$\mathrm{m^3/s}$，年径流总量为 6720 亿 $\mathrm{m^3}$（在 1923 年以来有实测资料的 81 年径流量系列中排第 80 位）。

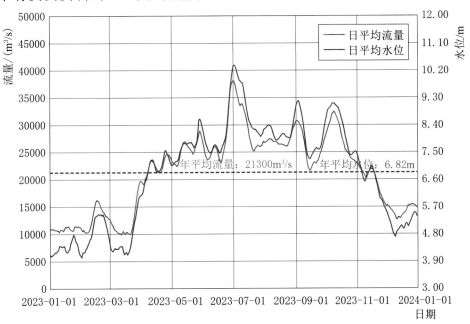

图 3-26 大通站 2023 年日平均水位-流量过程

（3）皇庄水文站，位于长江支流汉江，2023年逐日水位-流量过程见图3-27。皇庄水文站全年最高水位为49.02m，发生在10月4日，最大洪峰流量为13000m³/s，发生在10月3日；最低水位为38.69m，最小流量为475m³/s，均发生在6月2日。年平均水位40.49m，年平均流量为1290m³/s，年径流总量为407.6亿m³（在1938年以来有实测资料的70年径流量系列中排第39位）。

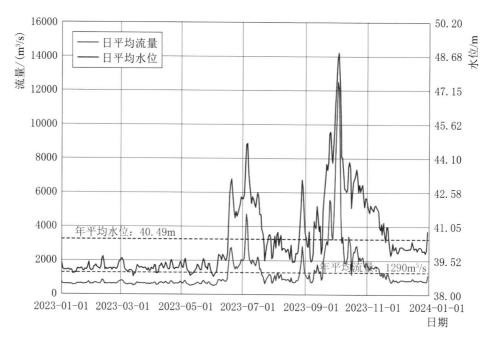

图3-27　皇庄站2023年日平均水位-流量过程

7. 东南诸河区

（1）兰溪水文站，位于钱塘江干流，2023年逐日水位-流量过程见图3-28。兰溪水文站全年最高水位为6.92m，最大洪峰流量为5990m³/s，均发生在6月25日；最低水位为1.86m，发生在12月1日，最小流量为0m³/s，发生在1月1日。年平均水位3.07m，年平均流量为371m³/s，年径流总量为111.7亿m³（在59年径流量系列中排第52位）。

（2）竹岐水文站，位于闽江干流下游，2023年逐日水位-流量过程见图3-29。竹岐水文站全年最高水位为6.35m，发生在9月6日，最大流量为5530m³/s，发生在9月5日；最低水位为1.56m，发生在12月9日；最小潮流量为-4350m³/s，发生在10月1日。年平均水位为3.54m，年平均流量为1370m³/s，年径流总量为432.3亿m³（在59年实测年径流系列中排第56位）。

8. 珠江区

（1）梧州水文站，位于西江干流下游，2023年逐日水位-流量过程见图3-30。梧州站全年最高水位为15.17m，最大洪峰流量为20300m³/s，均发生在6月26日。最低水位为1.33m，发生在3月13日，最小流量为1140m³/s，发生在1月28日。年平均水位为3.88m，年平均流量为3590m³/s，年径流总量为1131亿m³（在83年实测年径流量系列中排第62位）。

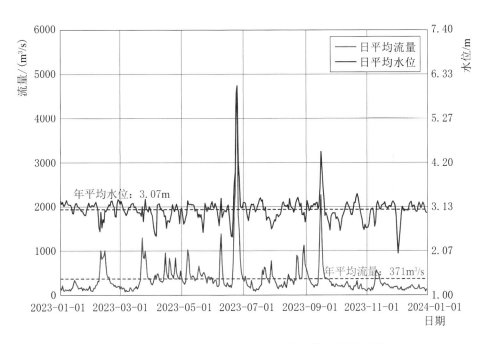

图 3－28 兰溪站 2023 年日平均水位-流量过程

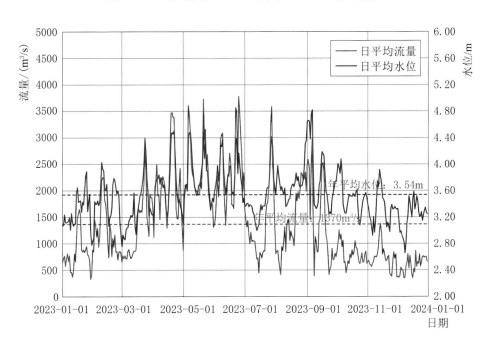

图 3－29 竹岐站 2023 年日平均水位-流量过程

（2）石角水文站，位于北江干流，2023 年逐日水位-流量过程见图 3－31。全年最高水位为 7.56m，最大洪峰流量为 11300m³/s，均发生在 6 月 24 日；全年最低水位为－0.74m，发生在 3 月 13 日，最小流量为 38.7m³/s，发生在 1 月 22 日。年平均水位为 0.79m，年平均流量为 1120m³/s，年径流总量为 352.2 亿 m³（在 70 年实测年径流量系列中排第 53 位）。

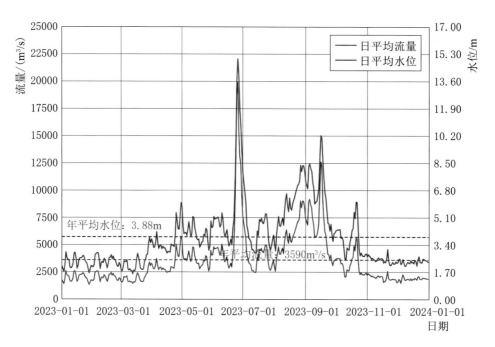

图 3－30　梧州站 2023 年日平均水位-流量过程

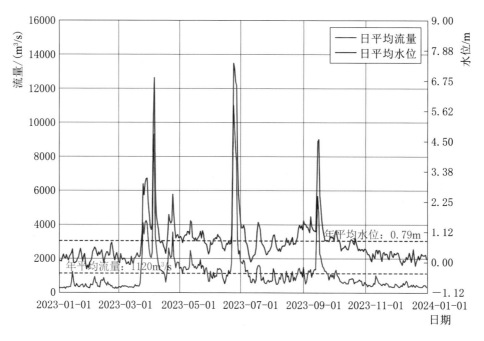

图 3－31　石角站 2023 年日平均水位-流量过程

9. 西北诸河区

卡群水文站，位于叶尔羌河上游，2023 年逐日水位-流量过程见图 3－32。全年最高水位为 1457.11m，最大流量为 1680m³/s，均发生在 8 月 17 日；全年最低水位为 1453.90m，最小流量为 34.3m³/s，均发生在 4 月 8 日。年平均水位为 1454.87m，年平均流量为 284m³/s，年径流总量为 77.85 亿 m³（在 70 年实测年径流量系列中排第 16 位）。

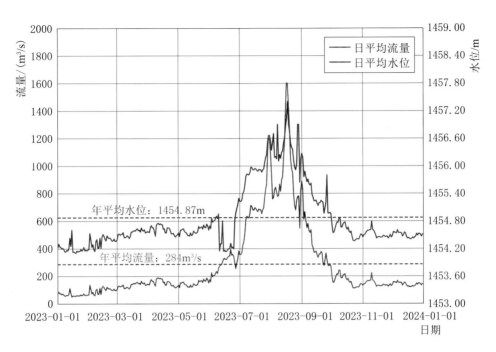

图 3－32 卡群站 2023 年日平均水位-流量过程

黄河湾（龙虎 摄）

第四章
泥 沙

一、概述

2023 年，我国主要河流总输沙量为 2.04 亿 t，较 2022 年输沙量 3.90 亿 t 减少 47.7％，较近 10 年平均输沙量 3.35 亿 t 偏少 39.1％，较多年平均年输沙量 14.5 亿 t 偏少 85.9％。我国主要河流平均输沙模数为 51.3t/（a·km²），较 2022 年平均输沙模数 98.3 t/（a·km²）减少 47.8％，较多年平均年输沙模数 365 t/（a·km²）偏少 85.9％。

2023 年，我国主要河流泥沙代表站中，黄河潼关站的平均含沙量最大，为 3.53 kg/m³，较 2022 年平均含沙量 7.70kg/m³ 减少 54.2％，较多年平均含沙量 27.5kg/m³ 偏少 87.2％。塔里木河、疏勒河和海河主要泥沙代表站平均含沙量次之，分别为 2.81kg/m³、2.43kg/m³ 和 1.50kg/m³，其他河流泥沙代表站平均含沙量均小于 1.00 kg/m³。

二、主要河流输沙量

2023 年，我国主要河流总输沙量为 2.04 亿 t，主要河流输沙量的空间分布差异大。其中，长江大通站和黄河潼关站的年输沙量分别为 4450 万 t 和 9530 万 t，占全国主要河流总输沙量的 21.8％ 和 46.7％，钱塘江、闽江、黑河和青海湖区的年输沙量分别为 62.8 万 t、75.3 万 t、89.0 万 t 和 85.2 万 t，占全国主要河流总输沙量的 1.53％。2023 年全国主要河流平均年输沙量、年平均含沙量、输沙模数等及其与 2022 年和多年平均值比较情况见表 4-1。

与 2022 年相比，长江大通站和黄河潼关站的输沙量分别减少 33.1％ 和 53.1％，海河区的输沙量增加 8.84 倍，淮河区和松花江区的输沙量分别增加 99.2％ 和 87.8％，其他一级区的输沙量减少 9.7％～78.9％；长江大通站的平均含沙量减少 23.2％，黄河潼关

表4—1　2023 年全国主要河流泥沙特征值

河流	代表站	控制流域面积/万 km²	年平均含沙量/(kg/m³)				年输沙量/万 t				输沙模数/[t/(a·km²)]				年平均中数粒径/mm			年径流量/亿 m³			
			2023年	2022年	近10年均值	多年平均	2023年	2022年	近10年均值	多年平均	2023年	2022年	近10年均值	多年平均	2023年	2022年	多年平均	2023年	2022年	近10年均值	多年平均
长江	大通	170.54	0.066	0.086	0.117	0.392	4450	6650	10600	35100	26.1	39.0	62.2	206	0.012	0.021	0.011	6720	7712	9051	8983
黄河	潼关	68.22	3.53	7.70	5.32	27.5	9530	20300	16100	92100	140	298	236	1350	0.017	0.012	0.021	270.3	263.8	302.4	335.3
淮河 干流	蚌埠	12.13	0.091	0.070	0.134	0.309	184	82.1	341	808	15.2	6.77	28.1	66.6				201.5	118.0	255.4	261.7
淮河 沂河	临沂	1.03	0.042	0.051	0.272	0.932	6.46	13.3	42.8	189	6.26	12.9	41.6	183			0.021	15.29	26.18	15.76	20.28
小计		13.16	0.088	0.066	0.142	0.354	190	95.4	384	997	14.5	7.25	29.2	75.8				215.8	144.2	271.2	282.0
海河 桑干河	石匣里	2.36	0.114	0.079	0.300	19.4	3.56	3.20	5.75	776	1.51	1.36	2.44	329	0.018	0.013	0.029	3.111	4.041	1.914	4.009
海河 洋河	响水堡	1.45	0.000	0.000	0.000	18.1	0.000	0.000	0.000	531	0.000	0.000	0.000	366			0.027	0.4132	0.4151	0.371	2.938
海河 滦河	滦县	4.41	0.000	0.030	0.029	2.70	0.000	5.34	4.52	785	0.000	1.21	1.02	178			0.028	7.762	17.71	15.37	29.12
海河 潮河	下会	0.53	0.000	0.000	0.189	2.96	0.000	0.000	3.03	67.8	0.000	0.000	5.72	128			0.028	0.5038	1.239	1.601	2.294
海河 白河	张家坟	0.85	0.506	0.000	0.178	2.30	16.0	0.000	5.16	108	18.8	0.000	6.07	127				3.164	1.745	2.900	4.695
海河 沙河	阜平	0.22	8.50	0.134	3.20	1.83	540	4.24	90.0	44.3	2455	19.3	409	200	0.018	0.008	0.031	6.353	3.171	2.811	2.419
海河 滹沱河	小觉	1.40	2.60	1.04	1.46	10.3	102	44.0	30.8	578	72.9	31.4	22.0	413	0.016		0.029	3.918	4.226	2.104	5.624
海河 漳河	观台	1.78	2.42	0.111	2.41	8.31	229	6.78	142	681	129	3.81	79.8	383	0.010		0.021	9.468	6.072	5.882	8.197
海河 卫河	元村集	1.43	0.163	0.139	0.138	1.38	45.5	31.5	19.3	198	31.8	22.0	13.5	138				27.86	22.66	13.97	14.38
小计		14.43	1.50	0.155	0.641	5.12	936	95.1	301	3770	64.87	6.59	20.8	261				62.55	61.28	46.92	73.68

续表

河流	代表站	控制流域面积/万km²	年平均含沙量/(kg/m³)				年输沙量/万t				输沙模数/[t/(a·km²)]				年平均中数粒径/mm			年径流量/亿m³			
			2023年	2022年	近10年均值	多年平均	2023年	2022年	近10年均值	多年平均	2023年	2022年	近10年均值	多年平均	2023年	2022年	多年平均	2023年	2022年	近10年均值	多年平均
西江 珠江	高要	35.15	0.038	0.118	0.079	0.258	481	2770	1720	5650	13.7	78.8	48.9	161				1266	2348	2171	2186
北江	石角	3.84	0.063	0.162	0.099	0.127	224	915	409	525	58.3	238	107	137				352.2	565.1	413.4	417.8
东江	博罗	2.53	0.027	0.066	0.041	0.094	45.2	123	85.0	217	17.9	48.6	33.6	85.9				165.0	185.9	204.9	232.0
韩江	潮安	2.91	0.065	0.164	0.076	0.227	127	364	165	557	43.6	125	56.7	191				193.5	222.2	215.8	245.5
南渡江	龙塘	0.63	0.014	0.019	0.041	0.058	8.10	13.6	21.3	33.0	11.9	20.0	31.3	48.6				58.03	71.59	51.78	56.38
小计		45.1	0.044	0.123	0.079	0.222	885	4190	2400	6980	19.6	92.9	53.2	155				2035	3393	3057	3138
干流 松花江	哈尔滨	38.98	0.097	0.073	0.087	0.140	446	359	391	570	11.4	9.21	10.0	14.6				461.2	491.2	450.4	407.4
呼兰河	秦家	0.98	0.034	0.039	0.065	0.077	6.21	4.89	16.1	17.0	6.34	4.99	16.4	17.3				18.53	12.49	24.71	22.01
牡丹江	牡丹江	2.22	0.647	0.247	0.297	0.207	545	167	183	105	245	75.2	82.4	47.3				84.23	67.72	61.71	50.80
小计		42.18	0.177	0.093	0.110	0.144	997	531	590	692	23.6	12.6	14.0	16.4				564.0	571.4	536.8	480.2
柳河 辽河	新民	0.56	10.0	5.63	6.59	16.6	233	214	94.6	331	416	382	169	591	0.039	0.085	0.036	2.332	3.799	1.436	1.988
太子河	唐马寨	1.12	0.056	0.132	0.100	0.391	11.2	58.6	22.5	94.7	10.0	52.3	20.1	84.6	0.056	0.052	0.044	20.14	44.37	22.42	24.23
浑河	邢家窝棚	1.11	0.058	0.276	0.144	0.376	10.3	101	25.8	72.7	9.28	91.0	23.2	65.5				17.66	36.64	17.93	19.31
辽河	铁岭	12.08	0.594	0.323	0.401	3.47	225	295	121	992	18.6	24.4	10.0	82.1	0.039	0.054	0.029	37.90	91.43	30.18	28.62
小计		14.87	0.614	0.380	0.367	2.01	480	669	264	1490	32.2	45.0	17.7	100				78.03	176.2	71.97	74.15
兰江 钱塘江	兰溪	1.82	0.048	0.095	0.138	0.132	56.5	179	267	227	31.0	98.2	147	125				117.0	188.2	193.5	172.0
曹娥江	上虞东山	0.44	0.025	0.044	0.073	0.093	3.48	11.6	23.4	32.1	7.96	26.5	53.2	73.0				13.83	26.64	31.93	34.38
浦阳江	诸暨	0.17	0.054	0.044	0.059	0.134	2.86	4.27	7.16	16.0	16.6	24.8	42.1	94.1				5.254	9.811	12.14	11.91
小计		2.43	0.046	0.087	0.125	0.126	62.8	195	298	275	25.86	80.2	122	113				136.1	224.7	237.6	218.3

续表

河流	代表站	控制流域面积/万km²	年平均含沙量/(kg/m³)				年输沙量/万t				输沙模数/[t/(a·km²)]				年平均中数粒径/mm			年径流量/亿m³			
			2023年	2022年	近10年均值	多年平均	2023年	2022年	近10年均值	多年平均	2023年	2022年	近10年均值	多年平均	2023年	2022年	多年平均	2023年	2022年	近10年均值	多年平均
闽江	竹岐	5.45	0.011	0.052	0.036	0.097	45.5	299	196	525	8.35	54.9	36.0	96.3				432.3	570.2	550.1	539.7
大樟溪	永泰(清水垄)	0.40	0.121	0.026	0.076	0.138	29.8	7.67	23.2	50.9	73.9	19.0	58.0	126				24.66	29.28	30.40	36.35
	小计	5.85	0.016	0.051	0.038	0.100	75.3	307	219	576	12.9	52.5	37.5	98.5				457.0	599.5	580.5	576.0
开都河	焉耆	2.25	0.031	0.024	0.027	0.230	8.20	6.50	7.95	63.2								26.60	27.36	29.15	26.30
塔里木河 干流	阿拉尔	12.79	4.24	5.06	3.05	4.23	2190	4900	1590	1990								51.70	96.98	52.16	46.46
	小计	15.04	2.807	3.95	1.97	2.82	2200	4910	1600	2050	146	326	106	136				78.30	124.3	81.31	72.76
黑河	莺落峡	1.00	0.660	0.882	0.488	1.15	89.0	165	97.2	193	89.0	165	97.2	193				13.48	18.70	19.90	16.67
昌马河	昌马堡	1.10	2.97	4.65	3.40	3.38	350	692	494	348	318	629	449	316				11.77	14.89	14.53	10.29
党河	党城湾	1.43	0.832	2.26	1.35	1.96	32.8	106	57.6	73.0	22.9	74.1	40.3	51.0				3.940	4.692	4.258	3.734
疏勒河	小计	2.53	2.44	4.08	2.94	3.00	383	798	552	421	151	315	218	166				15.71	19.58	18.79	14.02
布哈河	布哈河口	1.43	0.506	0.542	0.419	0.439	53.9	67.0	65.6	41.5	37.7	46.7	45.9	28.9				10.67	12.32	15.67	9.344
依克乌兰河	刚察	0.14	1.12	0.925	0.388	0.295	31.3	27.3	13.8	8.44	224	195	98.6	58.5				2.856	2.950	3.560	2.836
青海湖	小计	1.57	0.630	0.618	0.413	0.410	85.2	94.3	79.4	49.9	54.3	60.1	50.6	31.8				13.53	15.27	19.23	12.18
	全国合计	396.93	0.191	0.293	0.234	1.01	20400	39000	33500	145000	51.3	98.3	84.4	365				10660	13320	14300	14280

站的平均含沙量减少 54.2%，淮河区、松花江区和辽河区的平均含沙量增多 32.5%～90.2%，海河区的平均含沙量增加 8.64 倍，青海湖区的平均含沙量基本持平，其他一级区的平均含沙量减少 25.2%～67.8%。

与近 10 年平均值相比，长江大通站和黄河潼关站的输沙量分别偏少 58.0% 和53.1%，海河区的输沙量偏多 2.11 倍，松花江区、辽河区、塔里木河和青海湖区的输沙量偏多 7.3%～81.8%，其他区的输沙量偏少 8.4%～78.9%；长江大通站的平均含沙量偏少 43.5%，黄河潼关站的平均含沙量偏少 33.8%，海河区和青海湖区的平均含沙量分别偏多 1.33 倍和 1.35 倍，松花江区、辽河区、塔里木河和黑河的平均含沙量偏多 35.2%～67.7%，其他区的平均含沙量偏少 17.0%～63.2%。

与多年平均值相比，长江大通站和黄河潼关站的输沙量分别偏少 87.1% 和 89.7%，松花江区、塔里木河和青海湖区的输沙量分别偏多 44.1%、7.3% 和 70.7%，其他一级区的输沙量偏少 9.0%～87.3%；长江大通站和黄河潼关站的平均含沙量分别偏少83.1% 和 87.2%，松花江区和青海湖区的平均含沙量分别偏多 22.7% 和 53.7%，塔里木河的平均含沙量基本持平，其他一级区的平均含沙量偏少 18.8%～83.5%。

三、代表站输沙量

综合考虑泥沙观测资料系列的长度、完整性与代表性，选择全国 91 个国家基本水文站作为主要水文控制站进行实测输沙量分析，具体见表 4-2。

表 4-2　　　　　　　　　　　全国代表站输沙量

分区	河流	代表站	年输沙量/万 t			与 2022 年比较/%	与多年平均比较/%
			2023 年	2022 年	多年平均		
松花江	嫩江	江桥	689	309	219	123	215
	嫩江	大赉	314	187	176	67.9	78.4
	第二松花江	扶余	43.4	134	189	−67.6	−77.0
	干流	哈尔滨	446	359	570	24.2	−21.8
	呼兰河	秦家	6.21	4.89	17.0	27.0	−63.5
	牡丹江	牡丹江	545	167	105	226	419
辽河	老哈河	兴隆坡	1.91	22.2	1150	−91.4	−99.8
	西拉木伦河	巴林桥	142	164	388	−13.4	−63.4
	东辽河	王奔	45.5	121	41.7	−62.4	9.10
	柳河	新民	233	214	331	8.90	−29.6
	太子河	唐马寨	11.2	58.6	94.7	−80.9	−88.2
	浑河	邢家窝棚	10.3	101	72.7	−89.8	−85.8
	干流	铁岭	225	295	992	−23.7	−77.3
	干流	六间房	348	642	337	−45.8	3.30

续表

分区	河流	代表站	年输沙量/万 t			与 2022 年比较/%	与多年平均比较/%
			2023 年	2022 年	多年平均		
海河	桑干河	石匣里	3.56	3.20	776	11.3	−99.5
	洋河	响水堡	0.000	0.000	531	—	−100
	永定河	雁翅	30.1	0.000	10.1	—	198
	滦河	滦县	0.000	5.34	785	−100	−100
	潮河	下会	0.000	0.000	67.8	—	−100
	白河	张家坟	16.0	0.000	108	—	−85.2
	干流	海河闸	0.000	0.000	6.02	—	−100
	沙河	阜平	540	4.24	44.3	12600	1120
	滹沱河	小觉	102	44.0	578	132	−82.4
	漳河	观台	229	6.78	681	3280	−66.4
	卫河	元村集	45.5	31.5	198	44.4	−77.0
黄河干流		唐乃亥	1250	750	1200	66.7	4.20
		兰州	840	2470	6100	−66.0	−86.2
		头道拐	2390	2960	9870	−19.3	−75.8
		龙门	4720	17100	63300	−72.4	−92.5
		潼关	9530	20300	92100	−53.1	−89.7
		小浪底	14400	18900	84400	−23.8	−82.9
		花园口	12300	15500	79200	−20.6	−84.5
		高村	12700	16000	71000	−20.6	−82.1
		艾山	11300	15100	68600	−25.2	−83.5
		利津	9690	12500	63800	−22.5	−84.8
淮河	干流	息县	69.4	23.5	191	195	−63.7
	干流	鲁台子	275	64.1	726	329	−62.1
	干流	蚌埠	184	82.1	808	124	−77.2
	史河	蒋家集	2.88	4.09	54.8	−29.6	−94.7
	颍河	阜阳	19.4	1.37	240	1320	−91.9
	涡河	蒙城	2.28	2.14	12.6	6.50	−81.9
	沂河	临沂	6.46	13.3	189	−51.4	−96.6
长江干流		直门达	2350	779	1000	202	135.0
		石鼓	1700	690	2680	146	−36.6
		攀枝花	180	80.0	4300	125	−95.8
		向家坝	60.0	80.0	20600	−25.0	−99.7
		朱沱	1220	740	25100	64.9	−95.1
		寸滩	2210	1450	35300	52.4	−93.7
		宜昌	200	280	37600	−28.6	−99.5
		沙市	520	620	32600	−16.1	−98.4
		汉口	3400	3630	31700	−6.30	−89.3
		大通	4450	6650	35100	−33.1	−87.3

续表

分区	河流	代表站	年输沙量/万 t			与2022年比较/%	与多年平均比较/%
			2023年	2022年	多年平均		
东南诸河	衢江	衢州	26.1	104	101	−74.9	−74.2
	兰江	兰溪	56.5	179	227	−68.4	−75.1
	曹娥江	上虞东山	3.48	11.6	32.1	−70.0	−89.2
	浦阳江	诸暨	2.86	4.27	16.0	−33.0	−82.1
	闽江	竹岐	45.5	299	525	−84.8	−91.3
	建溪	七里街	78.6	315	150	−75.0	−47.6
	富屯溪	洋口	95.6	150	136	−36.3	−29.7
	沙溪	沙县（石桥）	15.2	266	109	−94.3	−86.1
	大漳溪	永泰（清水墘）	29.8	7.67	50.9	289	−41.5
珠江	南盘江	小龙潭	61.5	85.5	427	−28.1	−85.6
	北盘江	大渡口	87.7	112	822	−21.7	−89.3
	红水河	迁江	36.1	129	3280	−72.0	−98.9
	柳江	柳州	5.58	1130	570	−99.5	−99.0
	郁江	南宁	72.7	190	770	−61.7	−90.6
	浔江	大湟江口	145	1570	4760	−90.8	−97.0
	桂江	平乐	34.3	227	139	−84.9	−75.3
	西江	梧州	227	2250	5280	−89.9	−95.7
	西江	高要	481	2770	5650	−82.6	−91.5
	北江	石角	224	915	525	−75.5	−57.3
	东江	博罗	45.2	123	217	−63.3	−79.2
	韩江	潮安	127	364	557	−65.1	−77.2
	南渡江	龙塘	8.10	13.6	33.0	−40.4	−75.5
	新吴溪	三滩	9.78	9.33	10.8	4.80	−9.40
	万泉河	加积	8.55	8.83	33.4	−3.20	−74.4
	定安河	加报	3.47	4.86	18.8	−28.6	−81.5
	昌化江	宝桥	41.6	27.5	64.1	51.3	−35.1
西北诸河	开都河	焉耆	8.20	6.50	63.2	26.2	−87.0
	开都河	大山口	6.35	2.19	43.6	190	−85.4
	阿克苏河	西大桥	1710	4050	1710	−57.8	0.0
	叶尔羌河	卡群	175	907	3070	−80.7	−94.3
	玉龙喀什河	同古孜洛克	1020	2810	1230	−63.7	−17.1
	塔里木河	阿拉尔	2190	4900	1990	−55.3	10.1
	黑河	莺落峡	89.0	165	193	−46.1	−53.9

续表

分区	河流	代表站	年输沙量/万t			与2022年比较/%	与多年平均比较/%
			2023年	2022年	多年平均		
	黑河	正义峡	24.6	91.5	138	−73.1	−82.2
	昌马河	昌马堡	350	692	348	−49.4	0.6
西北诸河	党河	党城湾	32.8	106	73.0	−69.1	−55.1
	布哈河	布哈河口	53.9	67.0	41.5	−19.6	29.9
	依克乌兰河	刚察	31.3	27.3	8.44	14.7	271
	巴音河	德令哈	5.14	3.24	32.6	58.6	−84.2

2023年，全国主要代表站的输沙量与2022年相比，增加、基本持平和减少的代表站分别占33.0%、5.5%和61.5%，见图4-1。其中，长江区有增有减，珠江区、黄河、辽河区、钱塘江和内陆河流以减少为主，淮河、海河和松花江以增加为主。

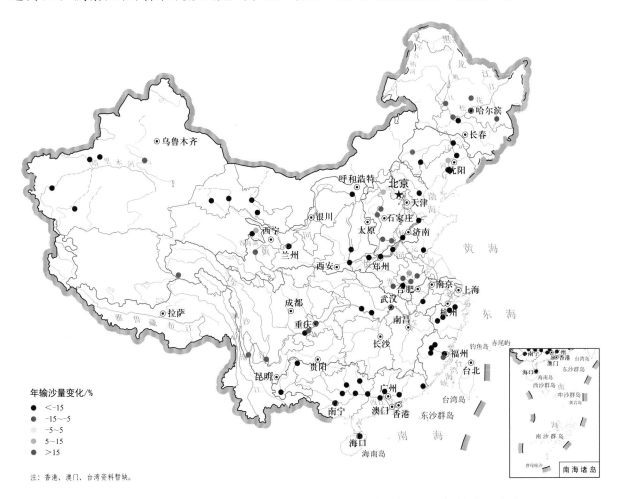

年输沙量变化/%
- ● <−15
- ● −15~−5
- ○ −5~5
- ● 5~15
- ● >15

注：香港、澳门、台湾资料暂缺。

图4-1 2023年全国主要水文代表站实测输沙量与2022年偏差百分比

2023年，全国主要代表站的输沙量与多年平均值相比，大部分代表站实测输沙量偏少，偏多、基本持平和偏少的代表站分别占11.0%、4.4%和84.6%，见图4-2。其中，长江区、淮河、钱塘江和珠江主要水文代表站年实测输沙量分别偏少 36.6%～99.7%、62.1%～96.6%、29.7%～91.3% 和 9.4%～99.0%。

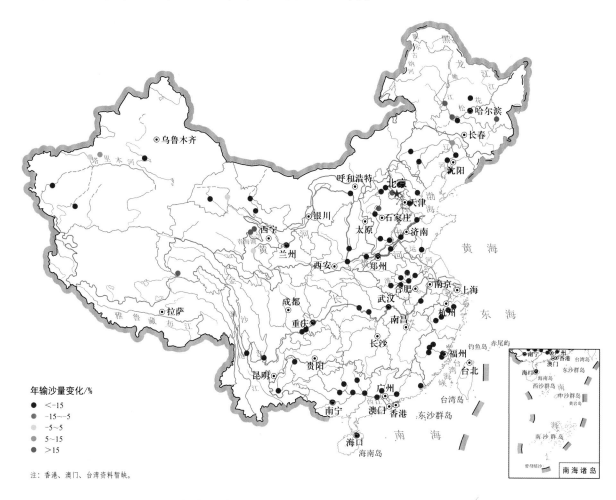

图 4-2　2023 年全国主要水文代表站实测输沙量与多年平均值偏差百分比

1. 松花江区

2023 年，松花江区实测输沙量与 2022 年相比，江桥和牡丹江站分别增加 1.23 倍和 2.26 倍，大赉站、哈尔滨站和秦家站分别增加 67.9%、24.2% 和 27.0%，扶余站减少 67.6%。

与多年平均值相比，江桥站和牡丹江站分别偏多 2.15 倍和 4.19 倍，大赉站偏多 78.4%，扶余站、哈尔滨站和秦家站分别偏少 77.0%、21.8% 和 63.5%。

松花江区代表站 7—10 月输沙量占全年的 53.2%～97.9%，其中哈尔滨站和江桥站分别为 87.4% 和 94.9%，两站实测输沙量逐月变化过程见图 4-3。

2. 辽河区

2023 年，辽河区实测输沙量与 2022 年相比，新民站增加 8.9%，其他站减少 13.4%（巴林桥站）～91.4%（兴隆坡站）。

与多年平均值相比，王奔站偏多 9.1%，六间房站基本持平，其他站偏少 29.6%

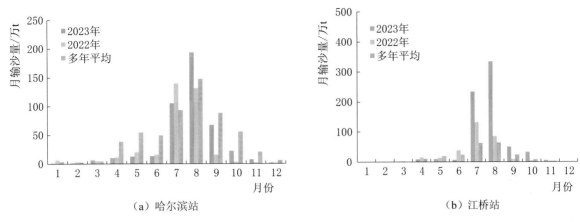

图 4－3　松花江区部分代表站 2023 年、2022 年和多年平均逐月实测输沙量

（新民站）～99.8％（兴隆坡站）。

辽河区代表站 7—10 月的输沙量占全年的 65.7％～100％，其中铁岭站和巴林桥站分别为 98.6％和 71.5％，两站实测输沙量逐月变化过程见图 4－4。

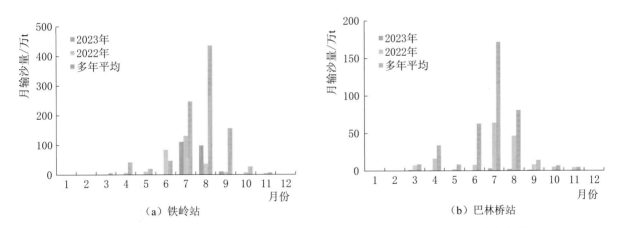

图 4－4　辽河区部分代表站 2023 年、2022 年和多年平均逐月实测输沙量

3. 海河区

2023 年，海河区实测输沙量与 2022 年相比，阜平站、小觉站和观台站分别增加 126倍、1.32 倍和 32.8 倍，石匣里站和元村集站分别增加 11.3％和 44.4％，滦县站减少100％，响水堡站、下会站和海河闸站 2022 年和 2023 年输沙量近似为 0，雁翅站和张家坟站 2022 年输沙量近似为 0。

与多年平均实测输沙量相比，雁翅站和阜平站分别偏多 1.98 倍和 11.2 倍，石匣里站、响水堡站、滦县站、下会站和海河闸站均偏少近 100％，张家坟、小觉、观台和元村集各站分别偏少 85.2％、82.4％、66.4％和 77.0％。

受引黄调水影响，石匣里站 3 月输沙量占全年的 51.9％，7—8 月受暴雨洪水影响，输沙量占全年 48.0％；响水堡站、下会站、滦县站和海河闸站的年输沙量近似为 0；除元村集站 7—8 月的输沙量占全年的 80.4％外，雁翅站、张家坟站、阜平站、小觉站和观台站 7—8 月的输沙量均占全年的 100％，石匣里站、滦县站、雁翅站和阜平站实测输沙量逐月变化过程见图 4－5。

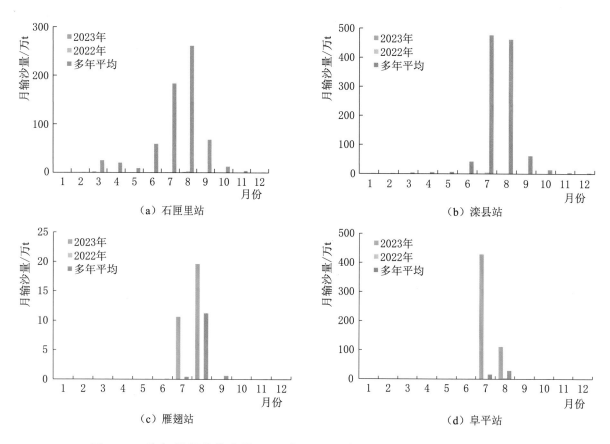

图 4－5　海河区部分代表站 2023 年、2022 年和多年平均逐月实测输沙量

4. 黄河区

2023 年，黄河区实测输沙量与 2022 年相比，唐乃亥站增加 66.7%，其他站减少 19.3%（头道拐站）～72.4%（龙门站）。

与多年平均值相比，唐乃亥站基本持平，其他站偏少 75.8%（头道拐站）～92.5%（龙门站）。

黄河区代表站 7—10 月的输沙量占全年的 53.5%～100%，其中潼关和兰州站为 68.8% 和 66.2%，两站实测输沙量逐月变化过程见图 4－6。

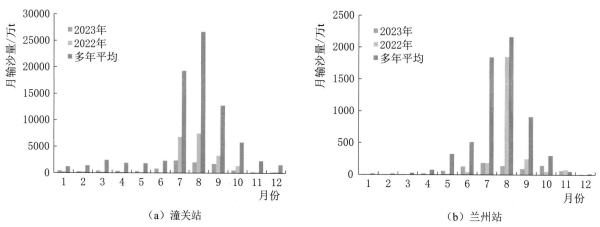

图 4－6　黄河区部分代表站 2023 年、2022 年和多年平均逐月实测输沙量

5. 淮河区

2023年，淮河区实测输沙量与2022年相比，息县、鲁台子、蚌埠和阜阳站分别增大1.95倍、3.29倍、1.24倍和13.2倍，蒙城站增大6.5%，蒋家集和临沂站分别减少29.6%和51.4%。

与多年平均值相比，淮河区各代表站偏小62.1%（鲁台子站）～96.6%（临沂站）。

淮河区代表站6—10月的输沙量占全年的91.4%～100%，其中蚌埠和临沂站分别为91.4%和100%，两站实测输沙量逐月变化过程见图4-7。

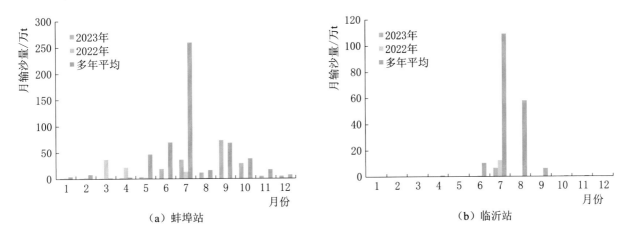

（a）蚌埠站　　　　　　　　　　　　　（b）临沂站

图4-7　淮河区部分代表站2023年、2022年和多年平均逐月实测输沙量

6. 长江区

2023年，长江区实测输沙量与2022年相比，直门达、石鼓和攀枝花站分别增加2.01倍、1.46倍和1.25倍，朱沱和寸滩站分别增加64.9%和52.4%，其他站减少6.3%（汉口站）～33.1%（大通站）。

与多年平均值相比，直门达站偏多1.35倍，其他站偏少36.6%（石鼓站）～99.7%（向家坝站）。

长江区代表站6—9月的输沙量占全年的47.6%～93.7%，其中大通和宜昌站分别为47.6%和73.0%，两站实测输沙量逐月变化过程见图4-8。

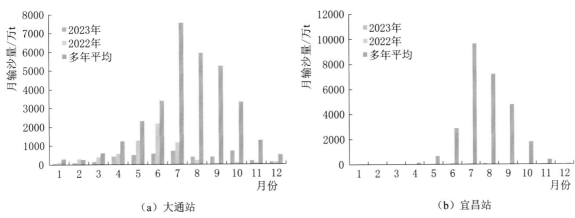

（a）大通站　　　　　　　　　　　　　（b）宜昌站

图4-8　长江区部分代表站2023年、2022年和多年平均逐月实测输沙量

7. 东南诸河区

2023年，东南诸河区实测输沙量与2022年相比，钱塘江各代表站减少33.0%（诸暨站）～74.9%（衢州站）；闽江永泰（清水壑）站增加2.89倍，竹岐、七里街、洋口和沙县（石桥）站分别减少84.8%、75.0%、36.3%和94.3%。

与多年平均值相比，钱塘江各代表站偏少74.2%（衢州站）～89.2%（上虞东山站）；闽江各代表站偏少29.7%（洋口站）～91.3%（竹岐站）。

钱塘江代表站6—9月的输沙量占全年的69.5%～84.2%，其中兰溪站为73.4%；闽江代表站5—9月的输沙量占全年68.8%～99.7%，其中竹岐站为68.8%。兰溪和竹岐站实测输沙量逐月变化过程见图4-9。

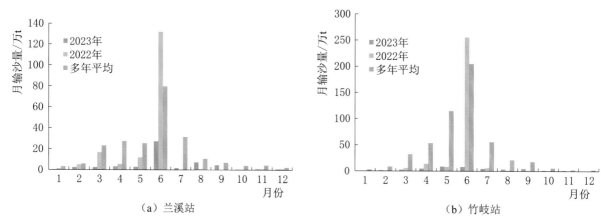

（a）兰溪站　（b）竹岐站

图4-9　东南诸河区部分代表站2023年、2022年和多年平均逐月实测输沙量

8. 珠江区

2023年，珠江区实测输沙量与2022年相比，三滩和加积站基本持平，宝桥站增加51.3%，其他站减少21.7%（大渡口站）～99.5%（柳州站）。

与多年平均值相比，珠江区各代表站偏少9.4%（三滩站）～99.0%（柳州站）。

珠江区代表站6—9月的输沙量占全年的14.7%～98.1%，其中高要和博罗站分别为83.3%和77.5%，两站实测输沙量逐月变化过程见图4-10。

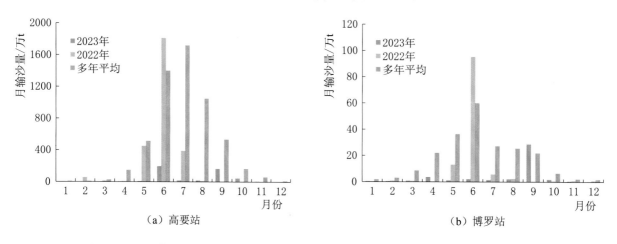

（a）高要站　（b）博罗站

图4-10　珠江区部分代表站2023年、2022年和多年平均逐月实测输沙量

9. 西北诸河区

2023 年，西北诸河区实测输沙量与 2022 年相比，塔里木河焉耆站增加 26.2%，大山口站增加 1.90 倍，西大桥（新大河）、卡群、同古孜洛克和阿拉尔站分别减少 57.8%、80.7%、63.7% 和 55.3%；黑河莺落峡和正义峡站分别减少 46.1% 和 73.1%；疏勒河昌马堡和党城湾站分别减少 49.4% 和 69.1%；青海湖区刚察和德令哈站分别增大 14.7% 和 58.6%，布哈河口站减少 19.6%。

与多年平均值相比，阿拉尔站偏多 10.1%，西大桥（新大河）站基本持平，焉耆、大山口、卡群和同古孜洛克站分别偏少 87.0%、85.4%、94.3% 和 17.1%；莺落峡和正义峡站分别偏少 53.9% 和 82.2%；昌马堡站基本持平，党城湾站偏少 55.1%；布哈河口和刚察站分别偏多 29.9% 和 2.72 倍，德令哈站偏少 84.2%。

西北诸河区塔里木河代表站 6—9 月的输沙量占全年的 85.6%～98.5%，其中阿拉尔站为 98.3%；莺落峡和正义峡站 6—9 月输沙量分别占全年的 98.7% 和 75.8%；昌马堡和党城湾站 5—8 月的输沙量分别占全年的 98.6% 和 61.4%；布哈河口、刚察和德令哈站5—8 月的输沙量分别占全年的 98.2%～99.3%。阿拉尔和莺落峡站实测输沙量逐月变化过程见图 4 - 11。

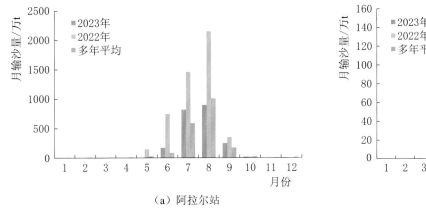

（a）阿拉尔站

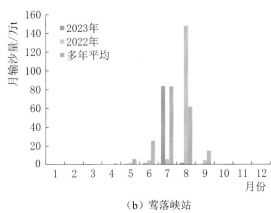

（b）莺落峡站

图 4 - 11　西北诸河区部分代表站 2023 年、2022 年和多年平均逐月实测输沙量

珠江源（王永勇 摄）

第五章
地下水

一、概述

与 2022 年 12 月相比，20308 个地下水监测站中，2023 年 12 月水位呈弱上升或上升态势的监测站占比 50.5％。按照不同地下水类型统计水位呈弱上升或上升态势的监测站，浅层地下水监测站占比 50.0％，深层地下水监测站占比 54.3％，裂隙水监测站占比 46.2％，岩溶水监测站占比 51.8％。各类型监测站 2023 年 12 月水位较 2022年 12 月变化统计见表 5-1。

表 5-1　　　　　各类型监测站 2023 年 12 月水位较
2022 年 12 月变化统计

类型分级		站点总数/个	水位上升站点数/个			水位弱上升站点数/个	水位弱下降站点数/个	水位下降站点数/个		
			>2m	1m<~≤2m	0.5m<~≤1m	0≤~≤0.5m	−0.5m≤~<0	−1m≤~<−0.5m	−2m≤~<−1m	<−2m
孔隙水	浅层	13820	823	1166	1513	3413	3635	1587	1114	569
	深层	3512	382	430	443	651	525	251	262	568
裂隙水		1801	64	108	155	505	573	162	139	95
岩溶水		1175	112	78	98	321	264	87	72	143
合　计		20308	1381	1782	2209	4890	4997	2087	1587	1375

二、一级区地下水动态

与 2022 年 12 月相比，西南诸河区、松花江区、长江区、淮河区、

66

海河区 5 个一级区 2023 年 12 月水位呈弱上升或上升态势的监测站占比超过 50%，分别为 68.3%、66.2%、64.8%、60.2% 和 53.9%。辽河区和西北诸河区 2023 年 12 月水位呈弱上升或上升态势的监测站占比分别为 11.5% 和 24.7%。一级区 2023 年 12 月水位较 2022 年 12 月变化情况见图 5-1。

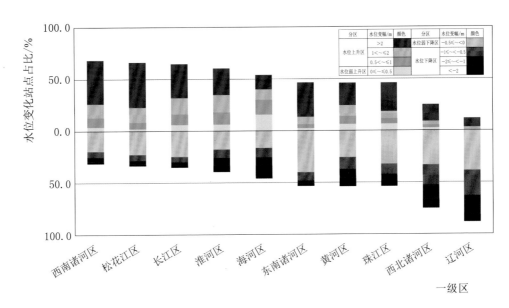

图 5-1 一级区 2023 年 12 月水位较 2022 年 12 月变化情况

与 2022 年 12 月相比，29 个开展浅层地下水监测的省份❶中，北京、河北、吉林、黑龙江、安徽、福建、江西、河南、湖北、湖南、广西、四川、云南、西藏、陕西 15 个省份 2023 年 12 月水位呈弱上升或上升态势的监测站占比超过 50%。19 个开展深层地下水监测的省份中，天津、黑龙江、上海、江苏、浙江、安徽、江西、河南、湖北、湖南、广东、陕西 12 个省份 2023 年 12 月水位呈弱上升或上升态势的监测站占比超过 50%。22 个开展裂隙水监测的省份中，山西、内蒙古、黑龙江、江苏、安徽、江西、湖北、湖南、广西、重庆、四川 11 个省份 2023 年 12 月水位呈弱上升或上升态势的监测站占比超过 50%。17 个开展岩溶水监测的省份中，北京、河北、山西、安徽、福建、江西、河南、湖北、湖南、重庆、贵州 11 省份 2023 年 12 月水位呈弱上升或上升态势的监测站占比超过 50%。部分省份 2023 年 12 月水位较 2022 年 12 月变化情况见图 5-2。

三、主要平原及盆地地下水动态

浅层地下水：与 2022 年 12 月相比，29 个监测浅层地下水的主要平原及盆地中，河南省南襄山间平原、关中平原、江汉平原 3 个平原 2023 年 12 月水位呈上升态势，分别上升 2.7m、1.1m、0.9m。三江平原、松嫩平原、穆棱兴凯平原、海河平原、长治盆地、

---

❶ 重庆仅有裂隙水监测，贵州仅有裂隙水和岩溶水监测，新疆生产建设兵团纳入新疆进行统计。

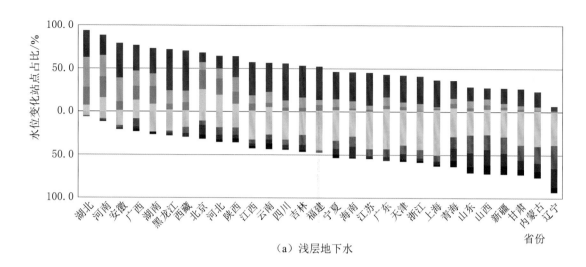

（a）浅层地下水

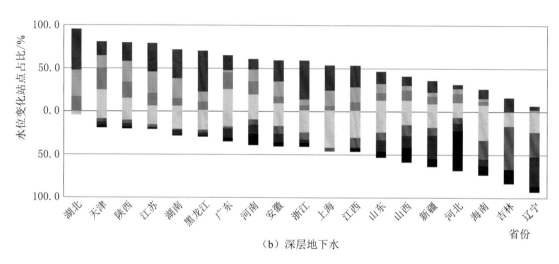

（b）深层地下水

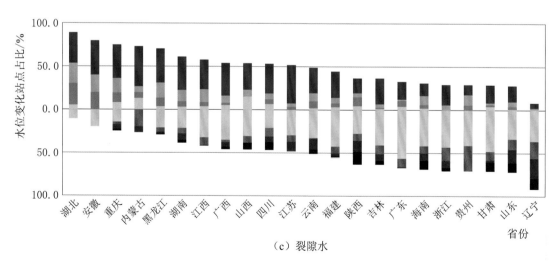

（c）裂隙水

图 5－2（一） 部分省份 2023 年 12 月水位较 2022 年 12 月变化情况

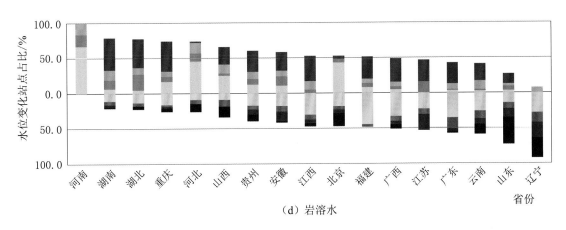

（d）岩溶水

图 5-2（二）　部分省份 2023 年 12 月水位较 2022 年 12 月变化情况

黄淮平原、银川卫宁平原、鄱阳湖平原、成都平原 9 个平原及盆地 2023 年 12 月水位呈弱上升态势。辽河平原、忻定盆地、运城盆地、太原盆地、长江三角洲平原、浙东沿海平原、广东珠江三角洲平原、雷州半岛平原、琼北台地平原、河西走廊平原、塔里木盆地、准噶尔盆地 12 个平原及盆地 2023 年 12 月水位呈弱下降态势。大同盆地、临汾盆地、呼包平原、河套平原、柴达木盆地 5 个平原及盆地 2023 年 12 月水位呈下降态势，河套平原、大同盆地分别下降 1.9m、1.7m。

深层地下水：与 2022 年 12 月相比，21 个监测深层地下水的主要平原及盆地中，运城盆地、关中平原、江汉平原、河南省南襄山间平原、雷州半岛平原 5 个平原及盆地 2023 年 12 月水位呈上升态势，上升幅度 0.6～2.1m。松嫩平原、长治盆地、黄淮平原、银川卫宁平原、长江三角洲平原、准噶尔盆地 6 个平原及盆地 2023 年 12 月水位呈弱上升态势。临汾盆地、浙东沿海平原、琼北台地平原 3 个平原及盆地 2023 年 12 月水位呈弱下降态势。辽河平原、海河平原、大同盆地、忻定盆地、太原盆地、塔里木盆地 6 个平原及盆地 2023 年 12 月水位呈下降态势，其中大同盆地、太原盆地、海河平原和辽河平原分别下降 1.4m、1.1m、1.0m、1.0m。全国主要平原及盆地 2023 年 12 月地下水平均埋深较 2022 年 12 月变化统计见表 5-2。

表 5-2　　全国主要平原及盆地 2023 年 12 月地下水平均埋深较
2022 年 12 月变化统计

一级区名称	平原名称	浅层地下水平均埋深/m		浅层地下水水位变幅/m	深层地下水平均埋深/m		深层地下水水位变幅/m
		2022年12月	2023年12月		2022年12月	2023年12月	
松花江区	三江平原	8.3	8.2	0.1			
	松嫩平原	7.5	7.2	0.3	9.2	8.9	0.3
	穆棱兴凯平原	4.9	4.7	0.2			
辽河区	辽河平原	4.1	4.6	−0.5	2.9	3.9	−1.0

一级区名称	平原名称	浅层地下水平均埋深/m		浅层地下水水位变幅/m	深层地下水平均埋深/m		深层地下水水位变幅/m
		2022年12月	2023年12月		2022年12月	2023年12月	
海河区	海河平原	11.8	11.4	0.4	49.4	50.4	−1.0
	大同盆地	17.1	18.8	−1.7	30.9	32.3	−1.4
	忻定盆地	15.8	16.2	−0.4	13.4	14.0	−0.6
	长治盆地	9.8	9.8	0.0	13.6	13.2	0.4
淮河区、黄河区	黄淮平原	4.3	4.0	0.3	20.7	20.5	0.2
黄河区	运城盆地	21.6	21.9	−0.3	73.0	71.4	1.6
	临汾盆地	18.9	20.0	−1.2	50.3	50.8	−0.5
	太原盆地	20.9	21.1	−0.2	27.1	28.2	−1.1
	内蒙古呼包平原	14.0	15.5	−1.5			
	内蒙古河套平原	7.1	9.0	−1.9			
	陕西关中平原	36.1	35.0	1.1	38.1	37.1	1.0
	宁夏银川卫宁平原	6.1	5.9	0.2	3.6	3.5	0.1
长江区	江汉平原	5.5	4.6	0.9	4.6	4.0	0.6
	鄱阳湖平原	5.5	5.3	0.2	7.0	7.0	0.0
	长江三角洲平原	3.1	3.2	−0.1	8.7	8.3	0.4
	河南省南襄山间平原	10.5	7.8	2.7	15.8	13.7	2.1
	成都平原	5.5	5.1	0.4			
东南诸河区	浙东沿海平原	4.7	4.8	−0.1	8.3	8.4	−0.1
珠江区	广东珠江三角洲平原	3.4	3.6	−0.2			
	雷州半岛平原	3.8	4.0	−0.2	16.2	15.4	0.8
	琼北台地平原	9.7	9.9	−0.2	18.8	19.3	−0.5
西北诸河区	甘肃河西走廊平原	28.5	28.9	−0.4			
	青海柴达木盆地	12.6	13.8	−1.2			
	新疆塔里木盆地	12.6	12.7	−0.1	22.4	23.4	−1.0
	新疆准噶尔盆地	28.0	28.2	−0.2	32.6	32.2	0.4

辽河平原浅层地下水 2023 年 12 月平均埋深 4.6m，地下水水位较 2022 年 12 月下降 0.5m，地下水水位上升区面积占比 4.1%，稳定区面积占比 58.2%，水位下降区面积占比 37.7%，2023 年地下水蓄变量为 −31.0 亿 m³。辽河平原浅层地下水 2023 年 12 月埋深及地下水水位较 2022 年 12 月变化见图 5-3。

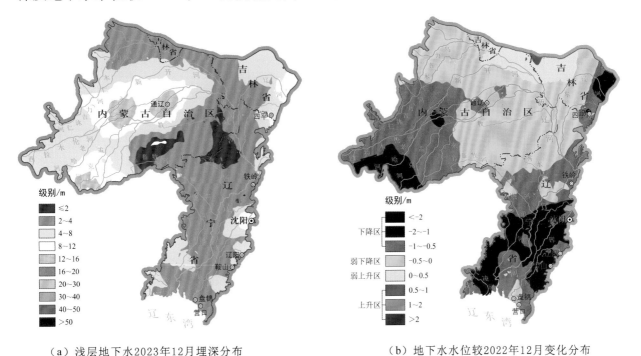

（a）浅层地下水2023年12月埋深分布　　　　（b）地下水水位较2022年12月变化分布

图 5-3　辽河平原浅层地下水 2023 年 12 月埋深及地下水水位较 2022 年 12 月变化

海河平原浅层地下水 2023 年 12 月平均埋深 11.4m，地下水水位较 2022 年 12 月上升 0.4m，地下水水位上升区面积占比 37.6%，稳定区面积占比 38.9%，水位下降区面积占比 23.5%。海河平原浅层地下水 2023 年 12 月埋深及地下水水位较 2022 年 12 月变化见图 5-4。

2023 年京津冀平原区浅层地下水蓄变量为 30.75 亿 m³，其中北京市平原区增加 2.90 亿 m³，天津市平原区减少 0.30 亿 m³，河北省平原区增加 28.15 亿 m³。

黄淮平原浅层地下水 2023 年 12 月平均埋深 4.0m，地下水水位较 2022 年 12 月上升 0.3m，地下水水位上升区面积占比 35.8%，稳定区面积占比 52.8%，水位下降区面积占比 11.4%，黄淮平原浅层地下水 2023 年 12 月埋深及地下水水位较 2022 年 12 月变化见图 5-5。

四、重点区域地下水动态

（1）浅层地下水。采用华北地区和 10 个重点区域的 7457 个监测站信息，与 2022 年 12 月相比，北部湾地区、华北地区 2 个区域 2023 年 12 月水位呈上升态势，平均水位分别上升 1.2m、0.8m。松嫩平原（重点）、黄淮地区（重点）、三江平原（重点）、汾渭谷

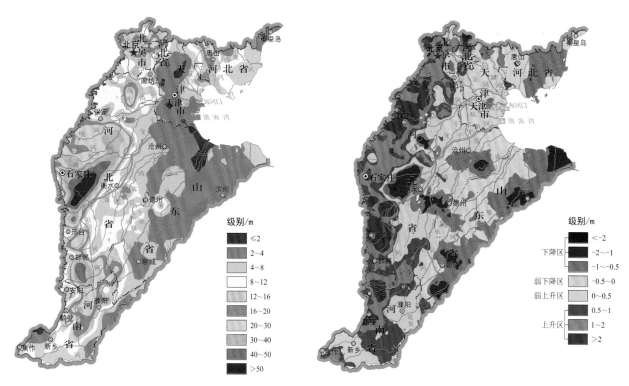

（a）浅层地下水2023年12月埋深分布　　　　　　　　　（b）地下水水位较2022年12月变化分布

图 5 - 4　海河平原浅层地下水 2023 年 12 月埋深及地下水水位较 2022 年 12 月变化

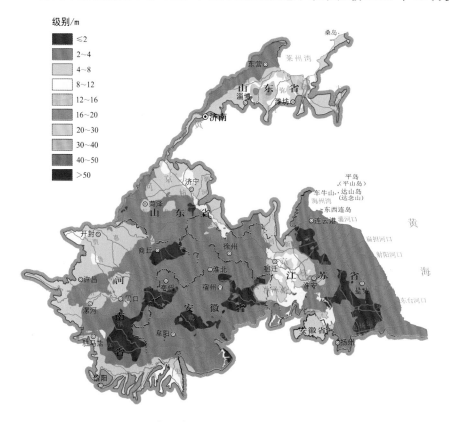

（a）浅层地下水2023年12月埋深分布

图 5 - 5（一）　黄淮平原浅层地下水 2023 年 12 月埋深及地下水水位较 2022 年 12 月变化

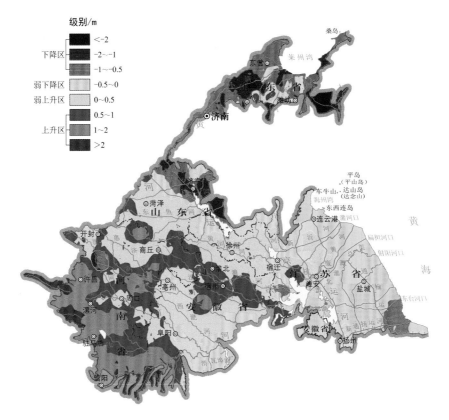

（b）地下水水位较2022年12月变化分布

图5-5（二）　黄淮平原浅层地下水2023年12月埋深及地下水水位较2022年12月变化

地4个区域2023年12月水位呈弱上升态势。西辽河流域、天山南北麓与吐哈盆地等2个区域2023年12月水位呈弱下降态势。鄂尔多斯台地、辽河平原（重点）、河西走廊（重点）3个区域2023年12月水位呈下降态势，分别下降1.2m、0.7m和0.6m。

（2）深层地下水。采用华北地区和6个重点区域的2151个监测站信息，与2022年12月相比，北部湾地区、松嫩平原（重点）2个区域2023年12月水位呈上升态势，平均水位均上升0.8m。黄淮地区（重点）2023年12月水位呈弱上升态势。汾渭谷地、天山南北麓与吐哈盆地2个区域2023年12月水位呈弱下降态势。华北地区、辽河平原（重点）2个区域2023年12月水位呈下降态势，分别下降1.1m、0.9m。重点区域2023年12月地下水平均埋深及地下水水位较2022年12月变化统计见表5-3。

（3）裂隙水。采用7个重点区域的206个监测站信息，与2022年12月相比，北部湾地区、黄淮地区（重点）2个区域2023年12月平均水位呈上升态势。松嫩平原（重点）、三江平原（重点）、汾渭谷地3个区域2023年12月平均水位呈弱上升态势。鄂尔多斯台地2023年12月平均水位呈弱下降态势。辽河平原（重点）2023年12月平均水位呈下降态势，下降1.1m。

（4）岩溶水。采用华北地区和2个重点区域的217个监测站信息，与2022年12月相比，华北地区、汾渭谷地2个区域2023年12月平均水位呈上升态势，均上升1.5m。黄淮地区（重点）2023年12月平均水位呈下降态势，下降5.0m。

表 5-3 重点区域 2023 年 12 月地下水平均埋深及地下水水位较 2022 年 12 月变化统计

重点区域名称		浅层地下水平均埋深 /m		浅层地下水水位变幅 /m	深层地下水平均埋深 /m		深层地下水水位变幅 /m
		2022年12月	2023年12月		2022年12月	2023年12月	
华北地区	北京市、天津市、石家庄市、唐山市、秦皇岛市、邯郸市、邢台市、保定市、张家口市、沧州市、廊坊市、衡水市	18.0	17.2	0.8	51.0	52.1	−1.1
三江平原（重点）	鸡西市、鹤岗市、双鸭山市、佳木斯市	7.1	6.9	0.2			
松嫩平原（重点）	哈尔滨市、绥化市、白城市	8.2	7.7	0.5	11.8	11.0	0.8
辽河平原（重点）	沈阳市、锦州市、朝阳市、阜新市	4.2	4.9	−0.7	3.0	3.9	−0.9
西辽河流域	赤峰市、通辽市	8.0	8.4	−0.40			
黄淮地区（重点）	淮北市、阜阳市、亳州市、济南市、滨州市、东营市、淄博市、济宁市、德州市、聊城市、菏泽市、郑州市、开封市、平顶山市、安阳市、鹤壁市、新乡市、焦作市、许昌市、濮阳市、南阳市、商丘市、周口市	6.7	6.3	0.4	26.4	26.1	0.3
鄂尔多斯台地	呼和浩特市、包头市、乌海市、鄂尔多斯市、乌兰察布市、锡林郭勒盟、巴彦淖尔市	12.7	13.9	−1.2			
河西走廊（重点）	张掖市、嘉峪关市、金昌市、武威市、酒泉市	29.3	29.9	−0.6			
汾渭谷地	大同市、朔州市、忻州市、太原市、阳泉市、晋中市、长治市、晋城市、运城市、临汾市、吕梁市、西安市、咸阳市	23.3	23.3	0	39.7	39.8	−0.1
天山南北麓与吐哈盆地	乌鲁木齐市、昌吉回族自治州、博尔塔拉蒙古自治州、塔城地区、石河子市、吐鲁番市、哈密市、巴音郭楞蒙古自治州、伊犁州	35.0	35.5	−0.5	44.6	44.8	−0.2
北部湾地区	湛江市、北海市	9.2	8.0	1.2	16.1	15.3	0.8

五、地下水水温

2023 年，全国有 30 个省（自治区、直辖市）❶ 开展了地下水水温监测。按照各省份地下水年平均水温统计，内蒙古、吉林、黑龙江、青海 4 个省份低于 10.0℃，黑龙江省为 6.5℃（最低省份），福建、江西、广东、广西、海南 5 个省份高于 20.0℃，海南省为 26.6℃（最高省份）。按照各省份 6 月和 12 月地下水水温变化统计，云南省为 1.0℃（最大省份），其他省份小于 1℃。各省份 2023 年 6 月和 12 月地下水月平均水温见图 5-6。

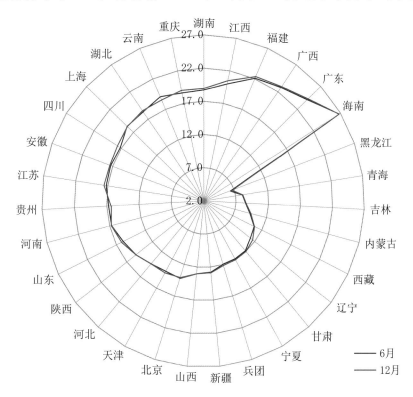

图 5-6 各省份 2023 年 6 月和 12 月地下水月平均水温（单位：℃）

六、泉流量

采用河北、山西、山东、广西、贵州、新疆 6 个省份的 24 个监测站信息，24 个泉流量监测站分布及监测成果见图 5-7。与 2022 年相比，龙耳朵、盐井、鸳鸯泉、阿不都热依木巴依坎儿井、金波泉、大河泉 6 个泉 2023 年月平均流量呈增大态势，其中位于贵州省贵阳市的龙耳朵月平均泉流量增大 15.63m³/s，盐井月平均泉流量增大 9.09m³/s。九磨地下河、龙子祠泉、龙潭、枫元、犀牛洞、泉林主泉、趵突泉泉群、黑虎泉泉群、涞源泉、六坡屯泉、五龙潭泉群、泉林南泉、老龙湾泉、上上泉、珍珠泉泉群、琼坎儿井、雷鸣寺泉、艾米都莫拉坎儿井 18 个泉 2023 年月平均流量呈减小态势，其中广西壮族自治区河池市九磨地下河月平均泉流量减小 1.20m³/s。

---

❶ 浙江省暂无地下水水温监测。

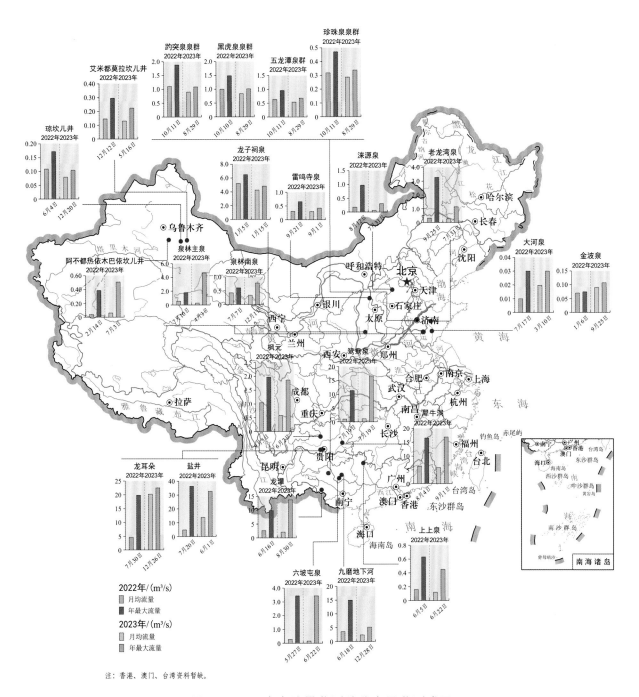

注：香港、澳门、台湾资料暂缺。

图 5-7　24 个泉流量监测站分布及监测成果

太湖秋意（陈甜　提供）

第六章
水生态

一、概述

2023 年，根据全国 249 个断面的日流量资料，统计分析生态流量保障目标满足程度，有 186 个断面的满足程度为 100％，占断面总数的 74.7％，相比 2022 年增加约 8.0％；有 44 个断面的满足程度小于 100％大于 90％，占断面总数的 17.7％，相比 2022 年降低约 3.3％；有 19 个断面的满足程度在 90％以下，占断面总数的 7.6％，相比 2022 年降低约 3.4％。2023 年全国的生态流量满足程度总体高于 2022 年。

2023 年，华北地区河湖生态环境复苏行动实施范围包括北三河、永定河、大清河、子牙河、漳卫河、黑龙港运东地区诸河、徒骇马颊河等 7 个河流水系共 40 个河湖。截至 2023 年 12 月底，40 条（个）补水河湖有水河道总长度约 4887.57km，较 2023 年 1 月初增加 192.56km，40 条（个）补水河湖水面总面积约 867.85km²，较 2023 年 1 月初增加 17.55km²。

二、河湖生态流量状况

2023 年，松花江区、辽河区、海河区、黄河区、东南诸河区、西北诸河区等 6 个一级区所有控制断面生态流量满足程度均大于 90％；有 3 个一级区存在生态流量满足程度在 90％以下的断面，其中：淮河区有 1 个断面、长江区有 14 个断面、珠江区有 4 个断面，并且长江区、珠江区生态流量满足程度在 90％以下的断面比例超过 10％。2023 年全国重点河湖生态流量保障目标满足程度统计见图 6-1 和表 6-1。

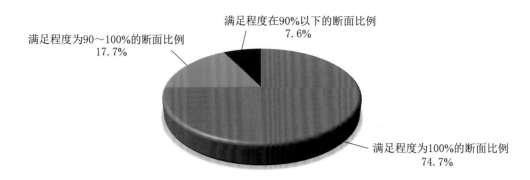

满足程度在90%以下的断面比例
7.6%

满足程度为90～100%的断面比例
17.7%

满足程度为100%的断面比例
74.7%

图 6-1　全国重点河湖生态流量保障目标满足程度统计

表 6-1　　　　　　　　全国重点河湖生态流量保障目标满足程度统计

全国主要 水系分区	控制断面 数量/个	满足程度为100%的 断面数量/个	满足程度在90%～100%的 断面数量/个	满足程度在90%以下的 断面数量/个
松花江区	21	16	5	0
辽河区	11	10	1	0
海河区	11	11	0	0
黄河区	20	17	3	0
淮河区	30	25	4	1
长江区	115	79	22	14
其中：太湖流域	3	2	1	0
东南诸河区	5	3	2	0
珠江区	35	24	7	4
西北诸河区	1	1	0	0
合　计	249	186	44	19

　　选取生态流量保障目标满足程度在 90% 以下的淮河区史灌河蒋家集、长江区金沙江—定曲—硕曲硕衣河、长江上游支流赤水河赤水、长江中游洞庭湖水系澧水干流石门、珠江区柳江涌尾（二）等 5 个控制断面作为代表，进行水文特性及生态流量满足程度分析。

　　2023 年淮河区史灌河蒋家集断面的年平均流量为 $36.5\mathrm{m^3/s}$，最大日均流量为 $683\mathrm{m^3/s}$，最小日均流量为 $2.75\mathrm{m^3/s}$。水利部批复的蒋家集断面生态流量目标值为 $4.30\mathrm{m^3/s}$，该断面的满足程度为 84%，不满足天数为 60d，蒋家集断面 2023 年逐日流量过程线见图 6-2。

　　2023 年长江区金沙江—定曲—硕曲硕衣河断面的年平均流量为 $88.4\mathrm{m^3/s}$，最大日均流量为 $556\mathrm{m^3/s}$，最小日均流量为 $10.3\mathrm{m^3/s}$。水利部批复的硕衣河断面生态流量目标值为 $16.8\mathrm{m^3/s}$，该断面的满足程度为 83%，不满足天数为 61d，硕衣河断面 2023 年逐日流量过程线见图 6-3。

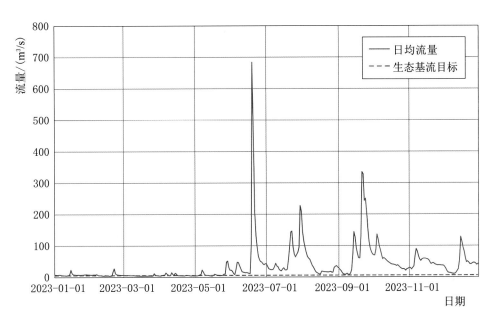

图 6-2　淮河区史灌河蒋家集断面 2023 年逐日流量过程线

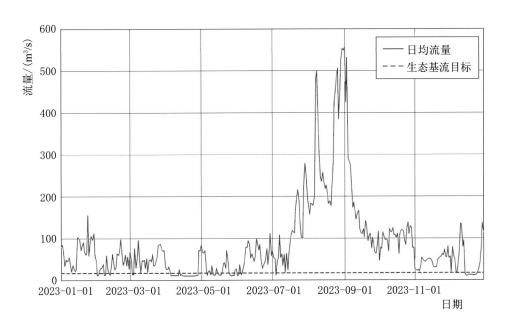

图 6-3　长江区金沙江—定曲—硕曲硕衣河断面 2023 年逐日流量过程线

2023 年长江区赤水河赤水断面的年平均流量为 158m³/s，最大日均流量为 2270m³/s，最小日均流量为 27.2m³/s。水利部批复的赤水断面生态流量目标值为 59.0m³/s，赤水断面的满足程度为 70%，不满足天数为 108d，赤水断面 2023 年逐日流量过程线见图 6-4。

2023 年长江区澧水干流石门断面的年平均流量为 297m³/s，最大日均流量为 2650m³/s，最小日均流量为 54.7m³/s。水利部批复的石门断面生态流量目标值为 70.0m³/s，该断面的满足程度为 89%，不满足天数为 41d，石门断面 2023 年逐日流量过程线见图 6-5。

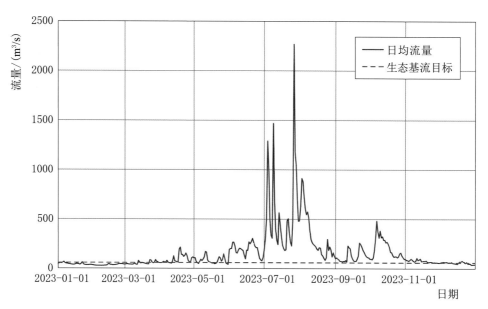

图 6-4　长江区赤水河赤水断面 2023 年逐日流量过程线

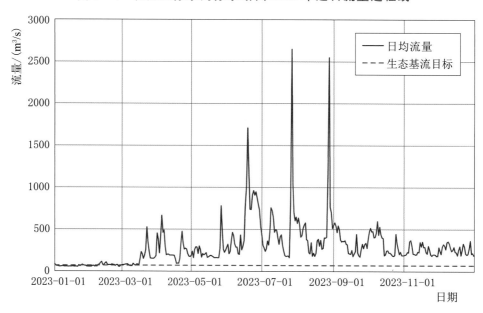

图 6-5　长江区澧水干流石门断面 2023 年逐日流量过程线

2023 年珠江区柳江涌尾（二）断面的年平均流量为 90.6m³/s，最大日均流量为 1310m³/s，最小日均流量为 10.7m³/s。水利部批复的涌尾（二）断面生态流量目标值为 34.0m³/s，该断面的满足程度为 71%，不满足天数为 106d，涌尾（二）断面 2023 年逐日流量过程线见图 6-6。

三、华北地区河湖生态补水

（一）补水范围和补水量

2023 年，水利部开展华北地区河湖生态环境复苏行动，通过南水北调中线和东线北延引江、引黄、引滦、当地水库、再生水及雨洪水等多水源，对京津冀鲁的北三河、永

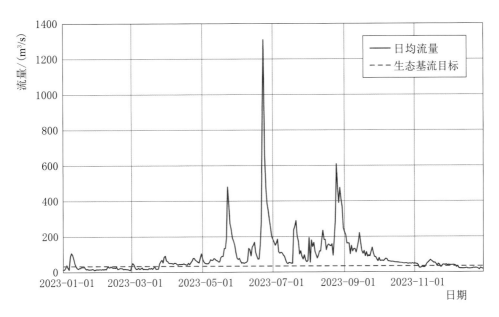

图 6-6　珠江区柳江涌尾（二）断面 2023 年逐日流量过程线

定河、大清河、子牙河、漳卫河、黑龙港运东地区诸河、徒骇马颊河等 7 个河流水系共
40 条（个）河湖（34 条河流和 6 个湖泊）实施补水。京杭大运河贯通补水范围为大运河
黄河以北河段（总长约 707km）包括通惠河—北运河线路、小运河—卫运河—南运河线
路，补水水源为南水北调东线北延、岳城水库、潘庄引黄、引滦、官厅水库、再生水等。
永定河补水水源为万家寨引黄、官厅水库、南水北调中线、再生水等。

2023 年 1—12 月，京津冀鲁四省（直辖市）累计生态补水 98.40 亿 m³（包括主汛期
水库泄水 24.81 亿 m³），完成年度计划补水量 27.68 亿 m³ 的 3.6 倍。其中，京杭大运河
2023 年全线贯通补水 13.19 亿 m³，完成计划补水量 4.65 亿 m³ 的 2.8 倍；白洋淀补水
（入淀）19.23 亿 m³，完成计划补水量 3.00 亿 m³ 的 6.4 倍。永定河补水 9.26 亿 m³，完
成计划补水量 7.35 亿 m³ 的 1.3 倍。

2023 年 1—12 月京津冀鲁各水源生态补水量见图 6-7，京杭大运河各水源补水完成
情况见表 6-2。

表 6-2　　　　　　　　　京杭大运河各水源补水完成情况

序号	补水水源	累计补水量 /亿 m³	计划调水量 /亿 m³	完成情况 /%
1	东线北延工程	1.45	1.21	120
2	岳城水库	4.93	0.91	542
3	潘庄引黄	1.84	0.88	209
4	引滦	1.26	0.40	316
5	官厅水库	0.52	0.20	261
6	再生水及雨洪水	3.18	1.05	303
	合　计	13.19	4.65	284

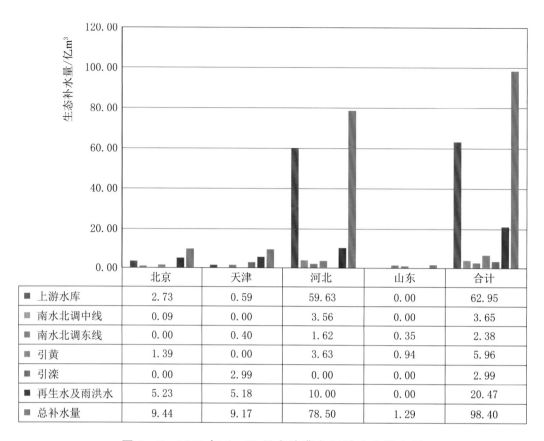

	北京	天津	河北	山东	合计
■ 上游水库	2.73	0.59	59.63	0.00	62.95
■ 南水北调中线	0.09	0.00	3.56	0.00	3.65
■ 南水北调东线	0.00	0.40	1.62	0.35	2.38
■ 引黄	1.39	0.00	3.63	0.94	5.96
■ 引滦	0.00	2.99	0.00	0.00	2.99
■ 再生水及雨洪水	5.23	5.18	10.00	0.00	20.47
■ 总补水量	9.44	9.17	78.50	1.29	98.40

图 6-7　2023 年 1—12 月京津冀鲁累计生态补水量

（二）补水效果

2023 年，利用国产高分、资源、环境等系列遥感卫星影像资源，针对华北地区 40 条（个）补水河湖的有水河道长度和水面面积开展了持续监测分析。截至 2023 年 12 月底，40 条（个）补水河湖有水河道总长度 4887.57km，较 2023 年 1 月初增加 192.56km，40条（个）补水河湖水面总面积为 867.85km²，较 2023 年 1 月初增加 17.55km²。有 15 条补水河流有水河道长度较 2023 年 1 月有所增加，其中孝义河、沙河—潴龙河和漳河增加显著，分别增加 64.94km、55.24km 和 45.23km，分别占各自河道总长度的 40%、28%和 24%。有 25 条（个）河湖水面面积较 2023 年 1 月有所增加，其中白洋淀淀区、大黄堡洼和漳河水面面积增加显著，分别增加 13.97km²、7.13km²、4.87km²。

34 条河流中，通惠河、北运河、永定新河、独流减河、南运河、卫河—卫运河、小运河—六分干—七一河—六五河、马颊河、海河干流等 9 条河流全年有水；潮白河、潮白新河、永定河、小清河、赵王新河、大清河、滹沱河、泜河、洺河、滏阳河、子牙河、子牙新河、清凉江—南排河和徒骇河等 14 条河流 90%以上河道全年有水，其中永定河、小清河、泜河、洺河、滏阳河、子牙河和子牙新河年底前实现全线贯通；北拒马河—白沟河、南拒马河—白沟引河、瀑河、孝义河、汶河、七里河—顺水河、沙河—潴龙河、沙河—南澧河和漳河等 9 条河流河道有水状况较好，年底前有水河道长度占比超过 90%；府河和唐河等 2 条河流河道有水状况相对较差，除了夏季有水河道长度达到 85%以上，其他时间均维持在40％～70％。部分河段补水前后通水情况见图6-8。

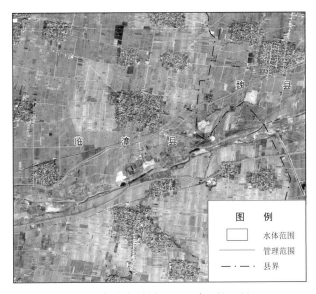

（a）高分六号星（2023年1月22日）　　　　　（b）资源一号F星（2023年12月5日）

图6-8　漳河2023年补水前后部分河段标准假彩色遥感影像对比

　　6个湖库中，除白洋淀淀区和大黄堡洼以外，七里海、团泊洼、衡水湖和南大港水体面积年际变化趋势相对比较平稳，均保持在±1km²相对稳定区间内。

　　补水河湖水环境水生态状况持续良好。补水河湖地表水水质显著改善，2023年12月Ⅰ～Ⅲ类水质监测断面比例较去年同期上升8％；2023年京杭大运河17个点位生态调查数据表明，补水后水生态状况有所改善，浮游生物密度明显降低，水体富营养化程度得到一定改善，鱼类种类数有所上升，多样性指数增加。河湖补水效果见图6-9。

（a）白洋淀

图6-9（一）　2023年部分河段补水效果

（b）潮白河

图 6 - 9（二）　2023 年部分河段补水效果

　　主要补水河湖周边地下水水位明显回升。2023 年末对 21 个主要补水河湖周边 10km 范围内浅层地下水监测站水位数据进行统计，水位较 2022 年同期上升 1.46m，较补水前（2018 年同期）明显回升。

长江汉川水文站（郑力 摄）

第七章
暴雨洪水

一、概述

2023 年，全国共出现 35 次强降水过程，29 个省（自治区、直辖市）708 条河流发生超警以上洪水，其中 129 条河流发生超保洪水、49 条河流发生有实测资料以来最大洪水。

2023 年，有 6 个台风（含热带风暴）（"卡努"登陆时为热带低压，不计数）登陆我国，较常年（7.2 个）偏少。第 5 号台风"杜苏芮"是 2023 年登陆我国大陆最强的台风，也是 1949 年以来登陆福建第二强的台风，受其影响，7 月 28 日至 8 月 1 日华北地区遭遇罕见强降水，海河流域发生流域性特大洪水，共发生 3 次编号洪水（表 7-1）其中永定河为 1924 年以来最大洪水，大清河为 1963 年以来最大洪水；8 月 1—5 日，强降水区集中于松花江流域东南部，松花江发生 1 次编号洪水（表 7-1）。随后台风"卡努"呈罕见"之"字形路径登陆继续影响东北。9 月 7—8 日，受台风"海葵"影响，广东深圳、佛山、肇庆日雨量突破当地历史实测记录。受台风"三巴"影响，10 月 17—22 日，粤西、桂南沿海部分河流发生秋季洪水。

2023 年，长江流域汉江发生秋季洪水，四川汶川县和金阳县、浙江富阳区等地发生严重山洪，新疆阿勒泰地区发生融雪洪水。

通过系列长度大于 30 年的 688 个雨量站年最大 3d 点雨量排位分析，2023 年我国北方和南方局部地区暴雨较历年情势偏大、中部地区较历年情势偏小，其中松花江、海河、渭河、福建沿海、桂南沿海等区域多处代表站重现期大于 20 年（图 7-1）。通过系列长度大于 30 年的 353 个主要江河水文站年最大流量排位分析，洪水在历年情势中偏大的河流主要有松花江、海河、粤西沿海和长江上游（图 7-2），其中永定河卢沟桥枢纽过闸最大流量达 4650m³/s，为 1924 年以来最大值（历史极值为 1924 年 7 月 13 日 4920m³/s）。

表 7 - 1   2023 年编号洪水统计表

序号	编号日期	流域	编号名称	依 据
1	2023 - 07 - 30	海河流域	子牙河 2023 年第 1 号洪水	受降水影响，黄壁庄水库入库流量涨至 3615m³/s
2	2023 - 07 - 31	海河流域	永定河 2023 年第 1 号洪水	受降水影响，永定河三家店水文站流量涨至 622m³/s
3	2023 - 07 - 31	海河流域	大清河 2023 年第 1 号洪水	受强降水影响，拒马河张坊水文站流量涨至 1610m³/s
4	2023 - 08 - 07	松辽流域	松花江 2023 年第 1 号洪水	受降水及上游来水影响，佳木斯水文站水位涨至警戒水位（79.30m）

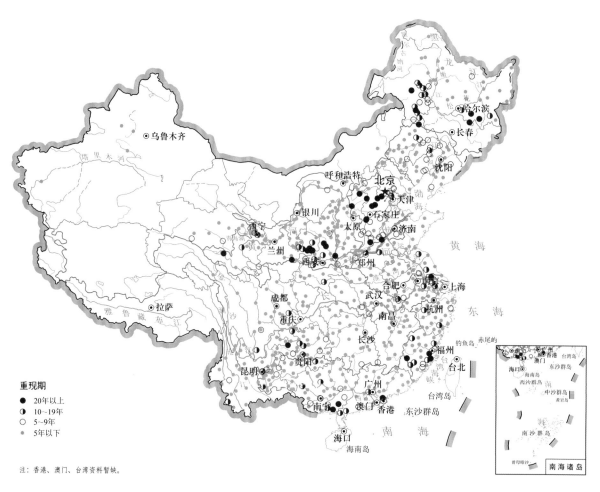

注：香港、澳门、台湾资料暂缺。

图 7 - 1   2023 年最大 3d 降水量偏丰地区分布

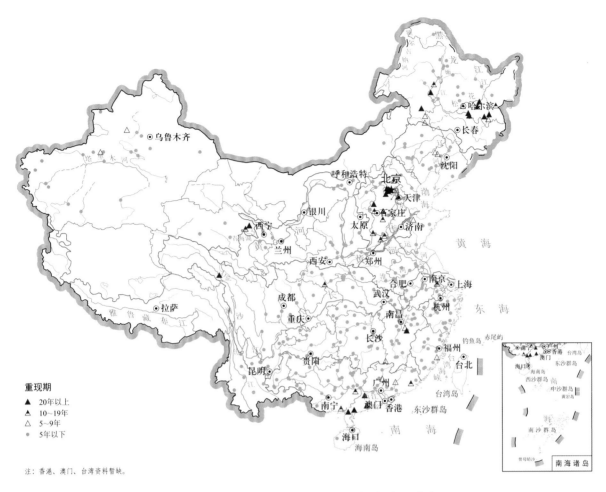

重现期
▲ 20年以上
▲ 10～19年
△ 5～9年
• 5年以下

注：香港、澳门、台湾资料暂缺。

图 7 - 2　2023 年最大洪峰流量偏丰地区分布

二、海河流域性特大洪水

受第 5 号台风"杜苏芮"北上与冷空气交绥影响，2023 年 7 月 28 日至 8 月 1 日，海河流域出现大范围长历时强降水过程，北京、天津西部南部、河北中部南部、山西东部北部、山东西部、河南北部等地降暴雨到大暴雨，局部特大暴雨；强降水主要集中在大清河拒马河以上、子牙河滹沱河滏阳河、永定河山峡区间，降雨中心在北京门头沟清水站（1014.5mm），见图 7 - 3。本次强降水过程面雨量为 155.3mm，累积降水量 400mm、250mm、100mm 以上暴雨笼罩面积分别为 1.1 万 km^2、6.5 万 km^2 和 16.8 万 km^2；过程降水总量达 494 亿 m^3，超过海河流域"96·8"（289 亿 m^3）、"12·7"（156 亿 m^3）、"16·7"（382 亿 m^3）、"21·7"（240 亿 m^3）洪水的降水总量，见表 7 - 2。受强降雨影响，海河流域发生 60 年来最大流域性特大洪水，有 22 条河流发生超警戒洪水，7 条河流发生超保证洪水，8 条河流发生有实测记录以来最大洪水，大清河、永定河发生特大洪水，子牙河发生大洪水（表 7 - 3）。据分析，至 8 月 10 日，海河流域 84 座大中型水库拦蓄洪水超 32.5 亿 m^3，密云、官厅、岗南、黄壁庄、临城、岳城等主要大型水库削峰率为 74%～99%。自 7 月 30 日先后启用 8 个蓄滞洪区，最大滞蓄水量共计 25.3 亿 m^3，最大淹没面积占设计淹没面积的 15%～89%。

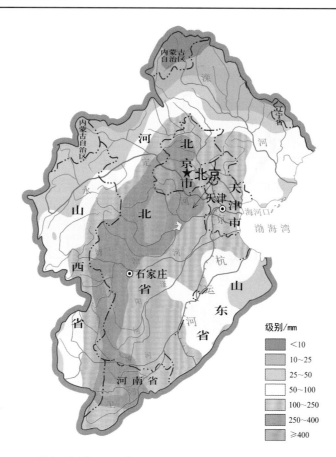

图 7-3　海河流域 2023 年 7 月 28 日至 8 月 1 日累积降水量分布

表 7-2　　　　　　　　　　"23·7"与历史强降雨过程对比

暴雨过程		"23·7"	"21·7"	"96·8"	"63·8"
时段		2023年7月28日—8月1日	2021年7月17—22日	1996年8月2—5日	1963年8月1—10日
暴雨中心		北京门头沟清水站	河南新乡龙水梯站	子牙河冶河吴家堡站	南部中心河北獐么站、北部中心七峪站
中心雨量/mm		1014.5	1095	670	2050（7d）、1329（7d）
暴雨笼罩面积/万 km²	≥100mm	16.8	8.3	15	19
	≥200mm	9.1	3.4	1.5	11
	≥300mm	3.9	1.9	0.8	7
	≥400mm	1.1	1.2	0.4	5
各水系面雨量/mm	大清河	285	94	122	264
	子牙河	203	115	149	383
	漳卫南运河	196	233	148	332
	北三河	152	38	103	157
	徒骇马颊河	89	15	77	115
	永定河	87	23	47	100
海河流域总降水量/亿 m³		494	240	289	600

子牙河水系降雨过程集中在 7 月 28—29 日，流域平均降水量为 186mm，暴雨中心位于岗南水库至黄壁庄水库区间和滏阳河上游，最大点降水量为泜河临城站（河北邢台市）（1003mm）。7 月 30 日 23 时滹沱河黄壁庄水库入库流量涨至 3615m^3/s，形成子牙河 2023 年第 1 号洪水。7 月 31 日 2 时朱庄水库入库洪峰流量为 7900m^3/s，列 1975 年有实测记录以来第 2 位。7 月 31 日 7 时黄壁庄水库入库洪峰流量为 6250m^3/s，列 1959 年有实测记录以来第 5 位；还原入库洪峰流量为 9010m^3/s，列 1959 年有实测记录以来第 3 位。

永定河水系降雨过程集中在 7 月 30—31 日，流域平均降水量为 93mm，暴雨中心位于官厅山峡区间，最大点降水量为清水河清水站（北京门头沟区）（1014.5mm）。7 月 31 日 11 时永定河三家店站流量涨至 622m^3/s，形成永定河 2023 年第 1 号洪水；7 月 31 日 13 时 30 分三家店站洪峰流量为 3500m^3/s，列 1924 年有实测资料以来第 4 位，7 月 31 日 14 时 30 分卢沟桥枢纽过闸最大流量 4650m^3/s，为 1924 年以来最大值。

大清河水系降雨过程集中在 7 月 30—31 日，流域平均降水量为 305mm，暴雨中心位于大清河北支，最大点降水量为大石河霞云岭站（北京房山区）（823mm）。7 月 31 日 11 时拒马河张坊站流量涨至 1610m^3/s，形成大清河 2023 年第 1 号洪水。7 月 31 日 11 时大石河漫水河站洪峰流量为 5300m^3/s，列 1951 年有实测记录以来第 1 位。7 月 31 日 22 时拒马河张坊站洪峰流量为 7330m^3/s，列 1952 年有实测记录以来第 2 位（表 7-3 和图 7-4）。

表 7-3   "23·7"与历史洪水对比

水系	站名	2023 年		1996 年	1963 年
		洪峰流量 /(m^3/s)	历史排位	洪峰流量 /(m^3/s)	洪峰流量 /(m^3/s)
永定河	卢沟桥	4650	2	—	873
	张坊	7330	2	1740	9920
大清河	漫水河	5300	1	186	1280
	东茨村	2790	2	851	2790
	新盖房	2790	1	1660	—
子牙河	黄壁庄	6250	5	13600	9300

（一）降水特点

（1）影响范围广，降水总量大。"杜苏芮"在福建晋江沿海登陆后北上，先后影响闽浙赣皖豫鲁冀晋津京辽吉黑 13 省（直辖市），其中海河流域 100mm 以上降雨笼罩面积达 16.8 万 km^2，占流域总面积的 53%。海河流域过程降水总量达 494 亿 m^3，为 1963 年以来最大（海河"63·8"洪水的降水总量为 600 亿 m^3）。

（2）持续时间长、降水强度大。"杜苏芮"7 月 23 日夜间开始影响我国近海海域，26 日开始影响我国大陆，7 月 28 日至 8 月 1 日海河流域暴雨持续 5d，累计最大点雨量为北京门头沟清水站（1014.5mm），北京门头沟燕家台站最大 1h 雨量为 142.5mm。

（二）洪水特点

（1）多河洪水并发、量级大。受强降雨影响，7 月 30 日 23 时至 31 日 11 时，12h 内

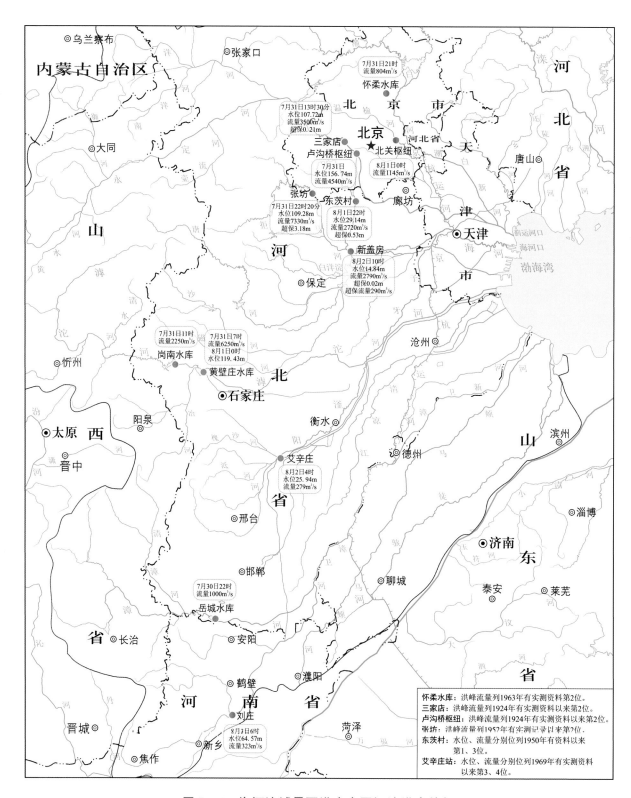

图 7-4　海河流域暴雨洪水主要河流洪水特征

子牙河、永定河、大清河相继发生 3 次编号洪水，北运河、漳卫河发生较大洪水，永定河发生 1924 年以来最大洪水，大清河发生 1963 年以来最大洪水，海河流域发生 1963 年以来最大流域性特大洪水。海河流域 5 大水系有 22 条河流发生超警以上洪水，其中永定河及支流清水河、妫水河，大清河水系北支拒马河支流大石河和白沟河、南支沙河及唐河支流通天河，子牙河水系滹沱河支流清水河等 8 条河流发生有实测资料以来最大洪水，占超警河流条数的 40%。

（2）洪水涨势猛、演进快，径流总量大。本次洪水过程中，永定河卢沟桥枢纽过闸流量 1.5h 内自 1030m³/s 涨至最大流量 4650m³/s，流量涨幅高达 3620m³/s；官厅水库至卢沟桥区间（集水面积 1800km²）雨峰与洪峰间隔仅 3h50min；大清河水系大石河漫水河站 2h 左右流量由 1650m³/s 涨至洪峰流量 5300m³/s，漫水河以上区间（集水面积 653km²）雨峰与洪峰间隔仅 2h20min。洪水过程径流总量为 102.33 亿 m³（7 月 28 日 8 时至 8 月 21 日 8 时），超过"96·8"洪水总量（101.69 亿 m³）。

三、松花江编号洪水

受台风"杜苏芮"和"卡努"影响，2023 年 8 月 1—5 日松花江流域出现强降水过程，流域普遍降水在 50mm 以上，累计降水量 100mm、50mm 以上暴雨笼罩面积分别达 9.4 万 km²、39.0 万 km²，最大点雨量为松花江干流拉林河支流牤牛河胜利林场站（黑龙江省哈尔滨市五常市）（428.0mm）。8 月 1—5 日松花江流域累积降水量分布见图 7-5，主雨区不同时段最大降水量统计见表 7-4。受强降雨影响，松花江下游干流佳木斯站 8 月 7 日 20 时水位涨至警戒水位 79.30m，形成松花江 2023 年第 1 号洪水；拉林河发生特大洪水，干流各站洪水重现期达到或超过 100 年，上游磨盘山水库、牤牛河及龙凤山水库洪水重现期均达 400 年；蚂蚁河上中游发生特大洪水，尚志段、延寿段洪水重现期分别超 100 年和 50 年；支流牡丹江发生超保证洪水。此外，乌苏里江、绥芬河及嫩江支流雅鲁河发生大洪水，乌苏里江洪水过程自干流虎头水文站 8 月 9 日开始超警至干流海青水文站 9 月 17 日退至警戒以下，超警历时累计 40d，其中超保历时累计 16d。主要河流洪水特征见表 7-5 和图 7-6。

表 7-4　　　　　　　　　　主雨区不同时段最大降水量统计

降水量统计		拉林河	蚂蚁河	牡丹江
最大 1h	降水量/mm	90.6	57.0	44.6
	时段	8 月 3 日 23 时	8 月 2 日 15 时	8 月 4 日 10 时
	站名	向阳 （榆树市向阳乡）	丁山屯 （尚志市尚志镇）	五道河子村 （林口县三道通镇）
最大 6h	降水量/mm	236.6	146.5	124.0
	时段	8 月 3 日 19 时至 8 月 4 日 1 时	8 月 2 日 12 时至 18 时	8 月 3 日 23 时至 8 月 4 日 5 时
	站名	磨盘山村 （五常市沙河子镇）	丁山屯 （尚志市尚志镇）	复兴村 （宁安市镜泊乡）
最大 1d	降水量/mm	239.4	223.5	224.0
	日期	8 月 2 日	8 月 2 日	8 月 2 日
	站名	弓棚 （榆树市弓棚镇）	青云 （尚志市苇河镇）	密江村 （海林市新安朝鲜民主镇）

续表

8月1—5日	降水量统计	拉林河	蚂蚁河	牡丹江
	降水量/mm	428.0	314.2	306.2
	站名	胜利林场	青云 （尚志市苇河镇）	双峰林场
	面降水量/mm	185.0	121.0	107.3
	占汛期多年平均 降水量/%	39	27	25

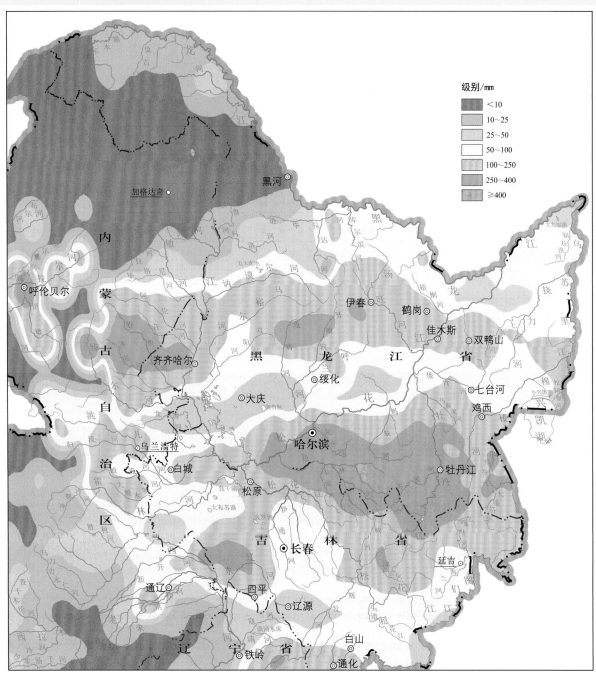

图 7-5　2023 年 8 月 1—5 日松花江流域累积降水量分布

表 7-5　　　　　　　　　　　　　松花江暴雨洪水主要河流洪水特征

河流	站点	洪峰水位时间	洪峰水位/m	超警戒水位/m	超保证水位/m	洪峰流量时间	洪峰流量/(m³/s)	排位 水位	排位 流量	起始年份
拉林河	牛头山	8月5日 17时	156.74			8月5日 17时	5550	1		1952
	蔡家沟	8月7日 2时30分	142.66		0.66	8月7日 2时30分	5150	1	1	1953
牤牛河	大碾子沟	8月5日 7时	170.90		2.90	8月5日 8时	3800	1	1	1951
蚂蚁河	尚志	8月4日 5时	187.31	2.31	1.31	8月4日 5时	2380	1	1	2002
	延寿	8月4日 22时	100.3	2.32	1.32	8月4日 22时	3050	1	1	1950
	莲花	8月5日 16时36分	100.45	1.45	0.65	8月4日 22时	3860	1	1	1957
牡丹江	牡丹江	8月5日 5时48分	230.85	1.85		8月4日 22时	6510	2	1	1934

（一）降水特点

（1）累积雨量大，降水强度大。8月1—5日拉林河、蚂蚁河、牡丹江流域平均降水量分别为185.0mm、121.0mm、107.3mm，分别占汛期总降水量的39%、27%和25%；8月2—11日，绥芬河流域平均降水量为202.9mm，占汛期总降水量的55.1%。最大1d降水量为拉林河支流大荒沟弓棚站（239.4mm）（8月2日，吉林省—长春市—榆树市）。

（2）降水持续时间长、范围广。本场降水自8月1日起从嫩江右侧支流洮儿河、拉林河向流域中部嫩江中游、松花江干流推进，降水过程持续5d，造成松花江全流域降水。

（3）暴雨区与前期降水偏多区域高度重叠。受6—7月10场主要降水过程影响，嫩江中下游右侧降水较常年同期偏多4~9成，松花江干流南侧支流拉林河流域降水较常年同期偏多4成，牡丹江流域降水较常年同期偏多近3成，本场暴雨区主要集中在拉林河、蚂蚁河、牡丹江、雅鲁河、绰尔河、洮儿河等流域，与前期降水偏多区域高度重叠。

（二）洪水特点

（1）洪水峰高、量大。磨盘山水库、龙凤山水库2个水库，五常、牛头山、蔡家沟、四平山、大碾子沟（二）、冲河桥（二）、老街基（二）、平安、尚志、延寿、莲花、尔站、长汀子、西桥及荒沟15个水文站均发生有实测资料以来第1位洪水。

（2）洪水涨势快、持续时间长。本次拉林河洪水形成的主要因素是暴雨，降雨主要集中在8月1—3日，主雨区集中在拉林河中上游。部分河道受洪水归槽等因素影响，洪水持续时间较长。

（3）洪水范围广、超警超保河流多、幅度大、时间长。流域内共有100条河流发生

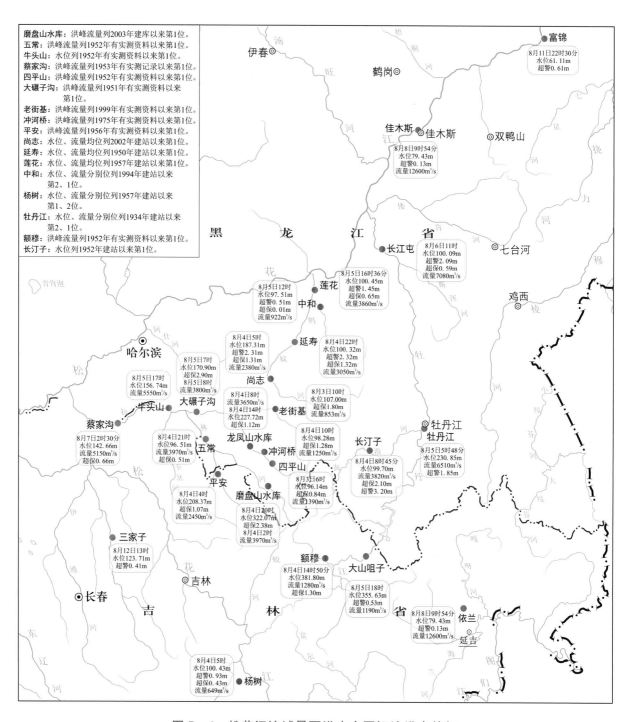

图 7-6 松花江流域暴雨洪水主要河流洪水特征

超警以上洪水，其中 27 条河流发生超保洪水，15 条河流发生有实测资料以来最大洪水。松花江支流牡丹江发生超保洪水，拉林河和蚂蚁河全线发生有实测资料以来最大洪水；乌苏里江干流全线发生超警以上洪水，累计超警 40d，超保 16d。

四、汉江秋季洪水

2023 年 9 月 10—25 日，汉江流域连续出现 3 次强降雨过程，见图 7-7～图 7-9。受其影响，9 月下旬至 10 月上旬，汉江发生 2 次洪水，9 月 29 日 20 时汉江上游干流丹江口水库入库流量涨至 15100m³/s，形成汉江 2023 年第 1 次洪水，9 月 30 日 4 时出现最大入库流量 16400m³/s，重现期超过 5 年（秋季洪水序列）；10 月 2 日 22 时，汉江中游干流皇庄站水位涨至 48.02m，超过警戒水位 0.02m，形成汉江 2023 年第 2 次洪水，10 月 4 日 6 时出现洪峰流量 13900m³/s，丹江口至皇庄区间最大 7d 洪量重现期接近 10 年（秋季洪水序列）。

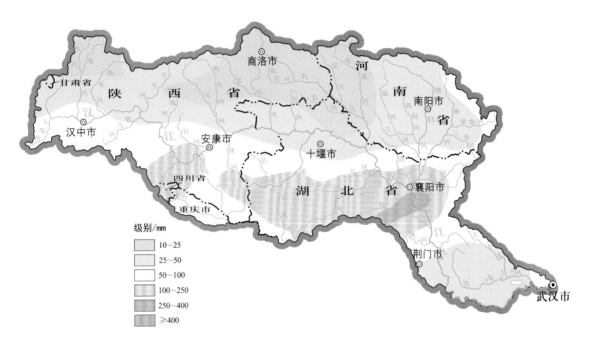

图 7－7　汉江流域 9 月 10—13 日累积降水量分布

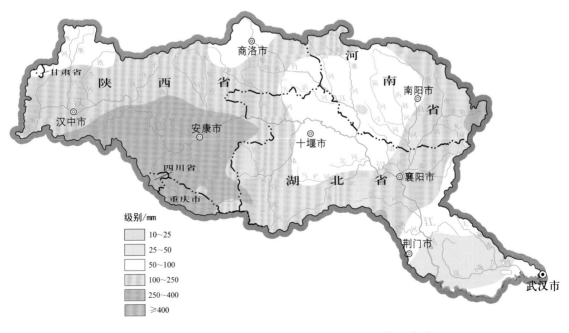

图 7－8　汉江流域 9 月 17—21 日累积降水量分布

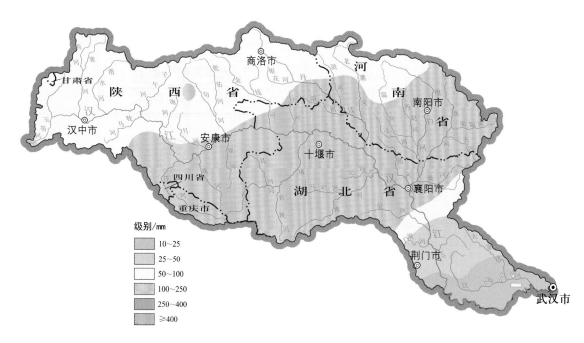

图 7－9　汉江流域 9 月 22—26 日累积降水量分布

汉江秋季暴雨洪水呈现以下特点：

一是强降雨次数多，累积雨量大。2023 年 9 月 10—25 日，汉江流域连续出现 3 次强降雨过程，累积降水量 250mm、100mm、50mm 以上暴雨笼罩面积达 1.1 万 km²、11.8 万 km² 和 15.2 万 km²，面雨量为 168mm，较常年同期偏多 2.2 倍，为 1961 年以来第 1 多。

二是多条洪水多发，中下游干流全线超警。9 月 29 日至 10 月 2 日，汉江干流及支流清河、堵河等 6 条河流发生超警以上洪水，其中汉江干流相继发生 2 次洪水，中下游宜城至汉川江段全线超警，为秋季罕见。

五、台风暴雨洪水

2023 年，西北太平洋和南海共生成 17 个台风，较常年（25.5 个）偏少 8.5 个，为 1949 年以来第 2 少（1998 年和 2010 年均生成 14 个，并列第 1 少），主要集中在 8 月；其中"泰利""杜苏芮""苏拉""海葵""小犬""三巴"等 6 个台风登陆我国（"卡努"登陆时为热带低压），较常年（7.2 个）偏少 1.2 个。

（一）台风"杜苏芮"暴雨洪水

1. 台风过程

2023 年第 5 号台风"杜苏芮"于 7 月 21 日 8 时在西北太平洋洋面上生成，最强达超强台风级（＞17 级），28 日 9 时 55 分前后在福建晋江沿海登陆，登陆时中心附近最大风力 15 级（风速 50m/s），是 2023 年登陆我国大陆最强的台风，也是 1949 年以来登陆福建第二强的台风（2016 年第 14 号台风"莫兰蒂"以超强台风级登陆厦门，为第 1 强，登陆时中心附近最大风力 15 级，风速为 52m/s）。29 日 8 时在安徽省安庆市宿松县境内减弱为热带低压，11 时中央气象台对其停止编号。

2. 台风暴雨洪水

受台风影响，华南东部、江南中部东部、江淮西部中部、黄淮、华北等地出现强降水过程，台风"杜苏芮"影响的主要省份累积降水量统计见表 7-6。受台风及其残余影响，海河流域发生流域性特大洪水、松花江发生编号洪水。浙江省 15 个江河站水位超警，沿海河口水位站高潮位最大增水 0~1.15m。福建省 19 条河流的 28 个站发生超警洪水 33 站次，超警幅度为 0.07~2.88m。其中，晋江支流九十九溪、罗溪发生超保洪水 3 站次，超保幅度为 0.46~1.52m。

表 7-6　　　　　台风"杜苏芮"影响的主要省份累计降水量统计

| 登陆情况 | | | 影响情况 | |
时间	地点	量级（风速）气压	省（自治区、直辖市）	降水
7月28日9时55分	福建省泉州市晋江市	15级（50m/s）945hPa	北京、天津、河北、福建、浙江、河南、山西、山东、陕西、湖北、江西、安徽	7月27日至8月1日，华南东部、江南中部东部、江淮西部中部、黄淮、华北等地出现强降水过程，累积降水量400mm、250mm、100mm、50mm以上暴雨笼罩面积分别为1.4万km²、8.7万km²、40.4万km²、122.59万km²；累积面雨量：北京286mm、天津166mm、河北146mm、福建124mm、浙江104mm、河南91mm、山西77mm、山东65mm、陕西58mm、湖北44mm、江西43mm、安徽41mm；累积最大点雨量北京门头沟清水站1014.5mm、福建莆田郊溪站841mm、河南鹤壁夺丰站791mm、河北保定岭西站715mm、浙江温州吴坪站654mm、山西阳泉槐树铺站608mm

（二）台风"苏拉""海葵"暴雨洪水

1. 台风过程

2023 年第 9 号台风"苏拉"于 8 月 24 日生成、9 月 3 日停止编号，期间分别于 9 月 2 日 3 时 30 分以强台风级（14 级，45m/s）在广东省珠海市南部沿海登陆、2 日 13 时 50 分以强热带风暴级（10 级，28m/s）在广东省阳江市海陵岛登陆。2023 年第 11 号台风"海葵"于 8 月 28 日生成、9 月 5 日停止编号，期间分别于 9 月 3 日 15 点 30 分前后以强台风级（15 级，50m/s）在台湾省台东市沿海登陆、5 日 5 时 20 分前后以热带风暴级（8 级，20m/s）在福建省东山县沿海登陆、5 日 6 时 45 分前后以热带风暴级（8 级，18m/s）在广东省饶平县沿海再次登陆。台风"苏拉""海葵"影响的主要省份累积降水量统计见表 7-7。

2. 台风暴雨洪水

受台风"苏拉"和"海葵"的共同影响，8 月 31 日 8 时至 9 月 16 日 8 时，珠江自东向西出现大范围强降雨过程，过程累积降雨量超过 100mm、250mm 的笼罩面积分别为35.45 万 km²、11.56 万 km²；珠江累积面平均降雨量为 165.0mm，最大点降水量为广东深圳市南山区恩上水库站（1095mm）。8月31日至9月16日珠江累积降水量分布见图7-10。受降雨影响，8月31日8时至9月16日8时，珠江流域共有100条河流130个站点出现水位超警，最高水位超警幅度为0.01~3.53m。西江支流罗定江罗定古榄站发生超历史水位洪水，重现期超100年一遇；鉴江支流小东江茂名站发生超50年一遇洪水；罗定江官良站发生近50年一遇洪水；漠阳江双捷站、南流江博白站均发生超20年一遇洪水；韩江上游梅江水口站发生超10年一遇洪水。

表7-7　　　　台风"苏拉""海葵"影响的主要省份累积降水量统计

名字	登陆情况			影　响　情　况	
苏拉	9月2日 3时30分	广东省 珠海市 南部	14级 （45m/s） 950hPa	广东、广西、福建、海南	8月31日至9月3日，华南出现强降水过程，累积降水量250mm、50mm以上暴雨笼罩面积分别为0.2万km²、5.9万km²；累积面雨量：广东63mm、广西42mm、福建21mm、海南14mm；累积最大点雨量广东江门北峰山站466mm、广西玉林大扭站379mm、福建漳州港尾站370mm
	9月2日 13时50分	广东省 阳江市 海陵岛	10级 （28m/s） 982hPa		
海葵	9月3日 15时30分	台湾省 台东市 沿海	15级 （50m/s） 940hPa	广东、海南、福建、广西、江西、浙江、湖南	9月3—11日，华南出现强降水过程，累积降水量400mm、250mm、100mm、50mm以上暴雨笼罩面积分别为0.8万km²、4.8万km²、24.8万km²、41.4万km²；累积面雨量：广东175mm、海南123mm、福建102mm、广西69mm、江西16mm、湖南15mm、浙江15mm；累积最大点雨量广东茂名富草塘水库站995mm、福建福州岭头站689mm
	9月5日 5时20分	福建省 漳州市 东山沿海	8级 （20m/s） 995hPa		
	9月5日 6时45分	广东省 潮州市 饶平沿海	8级 （18m/s） 995hPa		

（三）台风"三巴"暴雨洪水

1. 台风过程

2023年10月17日14时，南海热带扰动发展为热带低压、18日14时加强为2023年第16号台风"三巴"、20日晚上停止编号，期间于19日9时前后、20日9时45分前后、20日19时40分前后，分别在海南东方市沿海（热带风暴级）、广东省遂溪县沿海（热带风暴级）、海南省临高县沿海（热带低压级）先后三次登陆，"三巴"具有路径复杂、多次登陆、降雨量大的特点。台风"三巴"影响的主要省份累积降水量统计见表7-8。

2. 台风暴雨洪水

受台风"三巴"和冷空气共同影响，10月17日8时至10月22日8时，珠江流域南部出现大范围强降雨过程，累积降雨量超过50mm、100mm的暴雨笼罩面积分别为14.6万km²、7.9万km²，最大点降水量为广东省茂名市茂南区坡尾站（720mm）。10月17—22日珠江累积降水量分布见图7-11。受降雨影响，10月17日8时至10月23日8时，珠江流域共有 66 条河流 95 个站点出现水位超警，最高水位超警幅度为 0.01～3.83m。其中西江支流罗定江罗定古榄站发生超历史水位洪水，重现期超 100 年一遇；鉴江化州站、九洲江缸瓦窑站、鉴江支流小东江茂名站均发生超 50 年一遇洪水；袂花江新河站、漠阳江支流潭水河荆山站均发生超 20 年一遇洪水。

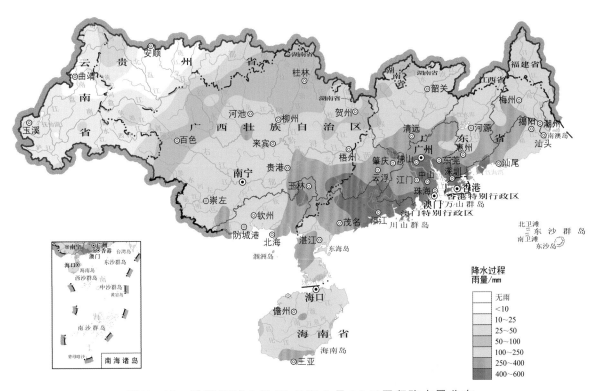

图 7 - 10　珠江流域 8 月 31 日至 9 月 16 日累积降水量分布

表 7 - 8　　　　　　　　台风"三巴"影响的主要省份累积降水量统计

登 陆 情 况			影 响 情 况	
时间	地点	量级（风速）气压	省（自治区、直辖市）	降 水
10 月 19 日 9 时	海南省东方市沿海	8 级（20m/s）998hPa	广东、海南、广西、江西、浙江、福建	10 月 17—21 日，华南出现强降水过程，累积降水量 400mm、250mm、100mm、50mm 以上暴雨笼罩面积分别为 0.3 万 km²、3.1 万 km²、7.9 万 km²、14.6 万 km²；累积面雨量：广东 67mm、海南 57mm、广西 53mm、江西 19mm、浙江 14mm、福建 12mm；累积最大点雨量广东阳江田甫冲水库站 889mm、广西玉林窝子塘站 616mm
10 月 20 日 9 时	广东省遂溪县沿海	8 级（20m/s）995hPa		
10 月 20 日 19 时	海南省临高县沿海	6 级（13m/s）1010hPa		

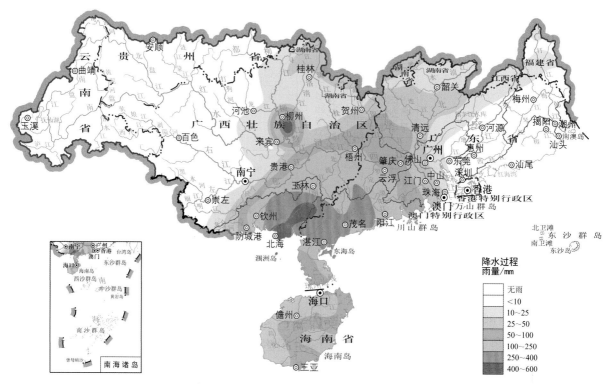

图 7-11　珠江流域 2023 年 10 月 17—22 日累积降水量分布

六、新疆阿勒泰地区融雪洪水

受高温及降水影响，2023 年 5—6 月，阿勒泰地区 8 条主要河流发生超警戒洪水。阿克苏河支流古库尔苏河小库尔干水文站（新疆阿克苏）6 月 9 日 22 时 15 分洪峰流量为 42.2m³/s，超过保证流量 35.0m³/s。新疆阿勒泰额尔齐斯河支流别列孜克河哈龙滚水文站（集水面积 766km²）5 月 15 日 1 时洪峰流量为 142m³/s，超过保证流量 140m³/s，相应水位 785.65m；支流克兰河阿勒泰水文站（集水面积 1655km²）6 月 10 日 23 时 30 分洪峰流量为 579m³/s，超过保证流量 480m³/s，相应水位 867.39m，流量列 1958 年有实测资料以来第 1 位（历史最大流量 503m³/s，1993 年 6 月）。

（一）气温降水特点

新疆阿勒泰地区，2023 年春季特别是 4—5 月平均气温与历年同期相比偏低 2~4℃。5 月 13 日气温升高，最高温度达到 20.7℃，较 5 月 4 日气温升高 19.4℃，5 月 10—15 日，阿勒泰地区日均气温达到 16℃以上，5 月 14 日降水量为 10.8mm。自 6 月 2 日起，阿勒泰地区气温逐渐上升，6 月 4—20 日平均气温维持 15℃以上。

（二）洪水特点

（1）洪水场次多、洪峰量级大。受高温及降水影响，阿勒泰地区主要河流洪水发生次数较历年偏多。别列孜克河哈龙滚站发生洪水 4 次，最大洪峰流量为 139m³/s，为历史最大洪水；克兰河阿勒泰站发生洪水 6 次，最大洪峰流量为 530m³/s，为历史最大洪水。布尔津河群库勒站最大洪峰流量为 1300m³/s，历史排位 11。

（2）洪水持续时间长，多站出现超警洪水。克兰河阿勒泰水文站从 6 月 2 日至 13 日共发生 6 次洪水，共持续 11d。别列孜克河哈龙滚水文站、克兰河阿勒泰站、卡依尔特斯河库威站、青格里河大青河站超警戒流量 1d。

（3）洪水发生时间晚。由于前期气温偏低，阿勒泰地区主要河流最大洪峰出现时间较去年偏晚 13（卡依尔特斯河库威站）～35d（布尔根河塔克什肯站）。

黄河源（龙虎 摄）

第八章
干 旱

一、概述

2023 年，全国有 19 省（自治区、直辖市）出现不同程度干旱，全国旱情总体偏轻，部分地区偏重。旱情阶段性特征明显，全年相继发生西南地区春旱、北方局地夏旱、西北地区伏秋旱。1—3 月，西南地区的云南、贵州、广西等地累计降水量较常年同期偏少 2～6 成，其中云南为 1961 年以来最少，西南地区发生春旱；5 月中旬至 6 月，华北北部、东北西南部、西北大部、黄淮中北部等地降水量较常年同期偏少 4～8 成，其中河北省 6 月平均降雨量为 1956 年以来同期最少，河北、内蒙古、山东等地最高气温较常年同期偏高 1～3℃，海河流域拒马河、辽河干流来水较常年同期偏少 6～9 成，北方发生局地夏旱；6 月至 8 月中旬，西北地区的青海、甘肃、内蒙古等地累计降雨量较常年同期偏少 1～4 成，青海大通河径流量较常年同期偏少 1 成、甘肃黄河干流偏少 2 成、内蒙古黄河干流偏少 3 成，西北地区发生伏秋旱。

此外，2023 年 4—10 月，珠江流域江河来水偏少，珠江下游枯水使得澳门、珠海等地供水安全受到威胁。6—8 月长江干流来水量较常年同期偏少，湖北、湖南、云南、四川等地插花受旱。

二、西南地区春旱

2023 年 1—4 月，西南南部等地降水量较常年同期偏少 5～9 成，其中云南省平均降水量仅 38mm，为近 60 年来同期最少，见图 8-1。元江、怒江、赤水河来水量较常年同期偏少 4～5 成（图 8-2）。云南省共有 35 条河流 40 处水文（位）监测断面出现断流，其中集水面积在 200km² 以下有 19 处，200～1000km² 有 15 处，1000～3000km² 有

5 处（分别为大理州桑园河大惠庄和宾川断面、弥苴河弥苴河断面，昆明市车洪江四营断面，红河州泸江严洞断面），3000km² 以上有 1 处（为楚雄州龙川江小黄瓜园断面）。断流最长为红河州石屏县坝心水文站，全年断流，另有 22 个断面断流 2 个月以上。局地中小型水库蓄水严重不足，云南、贵州 2 省分别有 583 座、423 座水库低于死水位运行。

受降水、来水偏少和蓄水不足影响，云南、贵州、四川 3 省旱情露头并持续发展，部分山丘区和以山塘、泉水等为水源的分散供水片区群众饮水困难问题较为严重，部分高岗地农作物灌溉受到影响。5 月末旱情高峰期，3 省作物受旱面积 39.3 万 hm²，有 55 万人、20 万头大牲畜因旱饮水困难。6 月，西南地区陆续出现较强降水过程，加上抗旱措施有力有效，贵州省、四川省旱情解除，云南省旱情逐步缓解。

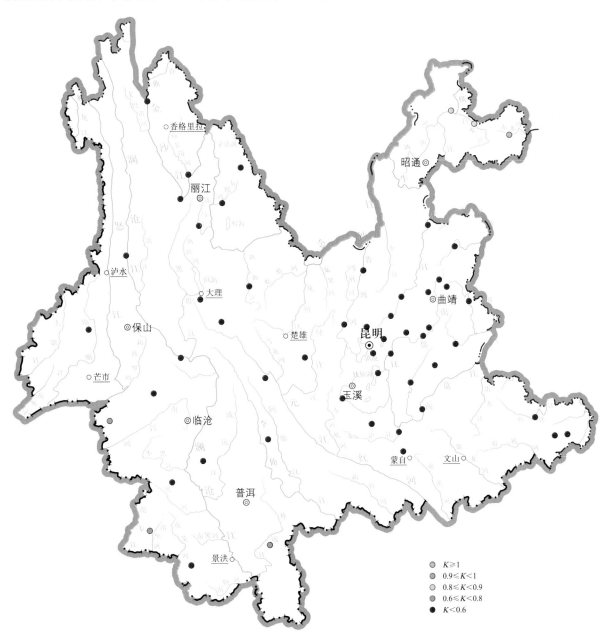

图 8 - 1　云南省 2023 年 1—4 月累积降水量与常年同期比值

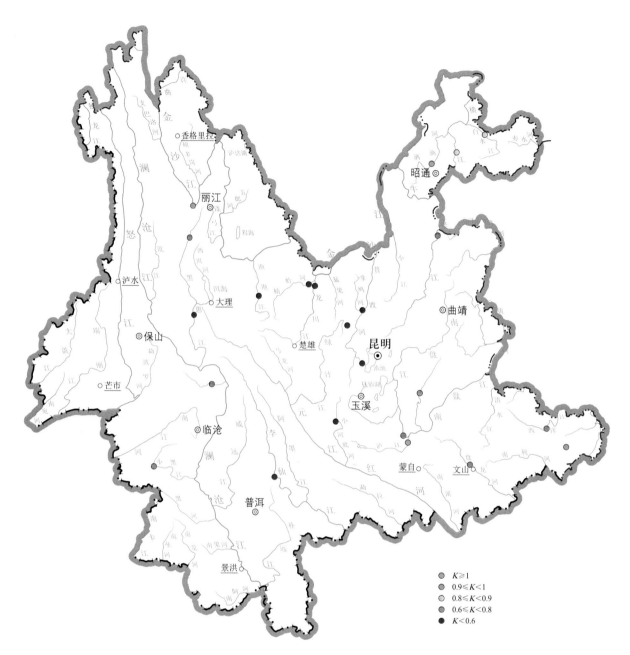

图 8－2　云南省 2023 年 1—4 月累积实测径流量与常年同期比值

$K \geqslant 1$
$0.9 \leqslant K < 1$
$0.8 \leqslant K < 0.9$
$0.6 \leqslant K < 0.8$
$K < 0.6$

三、北方局地夏旱

　　2023 年 5 月中旬至 6 月，华北北部、东北西南部、西北大部、黄淮中北部等地降水量较常年同期偏少 4～8 成，其中河北省 6 月平均降水量仅 29mm，为 1956 年以来同期最少。海河流域拒马河、辽河干流来水较常年同期偏少 6～9 成。河北、内蒙古、山东等地气温异常偏高，最高气温较常年同期偏高 1～3℃。高温少雨和来水不足导致河北、内蒙古、山东、辽宁 4 省（自治区）旱情快速发展，对农业生产和畜牧养殖业造成影响。6 月末至 7 月初旱情高峰期，4 省（自治区）作物受旱面积为 378.4 万 hm²，牧区草场受旱面积为 3266.7 万 hm²，有 7 万人、143 万头大牲畜因旱饮水困难。河北承德、张家口等地旱情较重，有12县（市、区）164乡（镇）出现旱情，玉米、大豆、马铃薯等作物生长受较大影响。7月，华北大部、东北西南部陆续出现降水过程，河北、山东、辽宁3省旱情解除，内蒙古东部旱情逐步缓解、西部部分地区旱情持续至9月。

四、西北地区伏秋旱

2023年6—8月，西北东部北部等地降水量较常年同期偏少3～7成（图8-3），黄河上游干流、黑河、清水河来水量较常年同期偏少2～3成，庄浪河、渭河、祖厉河、散渡河、葫芦河、西汉来水偏少7～9成，甘肃省内陆河流域部分水库趋近干涸，内陆河流域石羊河水系偏枯8成（图8-4）。西北东部北部水库蓄水总量较常年同期偏少1～2成，内陆河31座大中型水库蓄水总量为3.6亿 m^3，较去年同期偏少3.38亿 m^3。8月上旬，内蒙古、甘肃、青海、宁夏4省（自治区）相邻集中连片地区出现严重旱情，作物受旱面积为121.4万 hm^2，牧区草场受旱面积为2466.7万 hm^2，甘肃张家川、山丹、古浪和宁夏隆德、盐池、沙坡头等县（区）出现供水紧张，偏远牧区有3万人、74万头大牲畜因旱饮水困难。9月，旱区出现多次降水过程，旱情逐步解除。

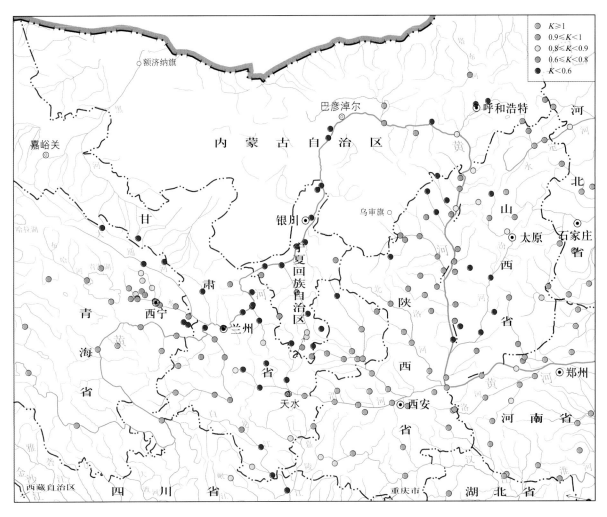

图 8-3 西北地区 2023 年 6—8 月累积降水量与常年同期比值

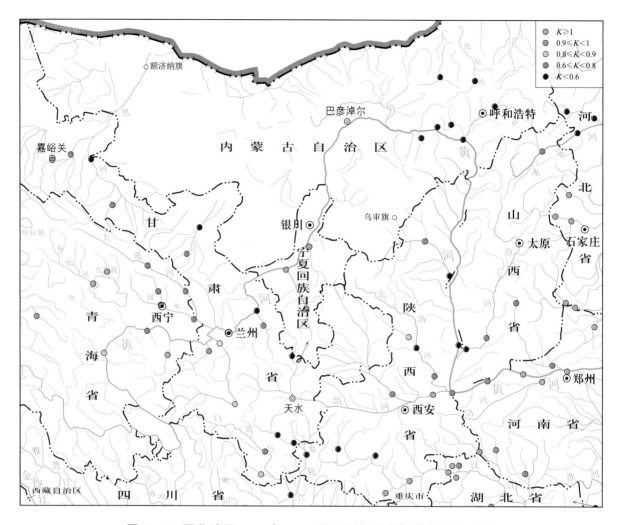

图 8-4 西北地区 2023 年 6—8 月实测径流量与常年同期比值

磴口黄河大桥（杨桂珍　提供）

第九章
冰　凌

一、概述

2023 年度，黄河、黑龙江、辽河整个凌汛期凌情形势平稳，未形成冰塞、冰坝和灾情、险情。2023 年 11—12 月，黄河、黑龙江、辽河干流河段相继封冻，黄河宁蒙河段首封日期较常年偏晚，黄河下游河段、黑龙江、辽河首封日期均较常年偏早。2024 年 1 月，黄河下游河段开河，2—3 月，宁夏及内蒙古河段陆续开河，3—4 月，黑龙江、辽河全线陆续开河（江）。黄河下游及宁夏河段、黑龙江开河早于常年，黄河内蒙古河段、辽河开河日期较常年偏晚。

二、黄河冰情

2023 年度，黄河凌汛期自 11 月 14 日宁蒙河段流凌开始，12 月 31 日黄河干流达到最大封河长度 832.43km，其中宁蒙河段为 691km，中游河段为 102.8km，下游河段为 38.63km，至 2024 年 3 月 27 日内蒙古河段全线开通，共历时 135d。整个凌汛期凌情平稳，未出现凌汛险情。

2023 年度黄河凌情主要呈现以下特点：气温变幅大、冷暖转换剧烈；宁蒙河段首凌偏早、首封偏晚，封河发展快，封河长度短，槽蓄水增量少；宁夏河段开河早，内蒙古河段开河总体偏晚，凌峰流量及开河期最大 10d 水量小；黄河下游出现四次流凌过程，首凌、首封、开河均偏早，封河长度偏短。

（一）封、开河情况

2023 年度，黄河宁蒙河段于 11 月 14 日开始流凌，首凌日期较常年（1971—2020 年，下同）偏早 6d，为 2001 年以来最早。12 月 15 日在内蒙古河段三湖河口水文断面附近出现首封，首封日期较常年偏晚 12d，流凌至封河间隔 32d，较常年偏长 19d。

2023 年 12 月 21 日，宁蒙河段封河上首进入宁夏境内，2024 年 1 月上中旬气温偏高，宁夏河段曾一度出现开河，1 月 24 日后再次发展，1 月 28 日达到本年度最大封河长度 702km，其中宁夏河段封冻 56km（图 9-1），内蒙古河段封冻 686km（均含宁蒙交叉河段 40km）。

图 9-1　2023 年度黄河宁蒙河段封冻

受气温回升影响，2024 年 1 月 29 日起宁夏河段开始融冰解冻，2 月 11 日宁夏河段全线开河，内蒙古河段开河进度总体较慢，3 月 27 日宁蒙封冻河段全线开通，开河日期较常年偏晚 2d。开河期间，头道拐水文断面开河最大流量为 573m³/s，开河最大 10d 水量为 4.4 亿 m³，均为有资料记录（1952 年）以来最小。

2023 年度，宁蒙河段各水文站冬季首封日期、春季开河日期，常年封河日期、常年开河日期统计情况见表 9-1。各站封冻日期与常年相比，三湖河口站、包头站、头道拐站偏晚 6～8d，巴彦高勒站持平，石嘴山站偏早 20d。开河日期与常年相比，石嘴山站和巴彦高勒站分别偏早 17d 和 4d；三湖河口站持平，包头站和头道拐站分别偏晚 6d 和 4d。

表 9-1　　　　　　　　　　2023 年度黄河宁蒙河段各水文站封、开河日期统计

封、开河日期	石嘴山	巴彦高勒	三湖河口	包头	头道拐
封河日期/（年-月-日）	2023-12-22	2023-12-21	2023-12-15	2023-12-16	2023-12-16
开河日期/（年-月-日）	2024-02-09	2024-03-07	2024-03-20	2024-03-23	2024-03-24
常年封河日期/（月-日）	01-11	12-21	12-07	12-09	12-10
常年开河日期/（月-日）	02-26	03-11	03-20	03-17	03-20

注：除包头站（2014—2020 年）外，常年均指 1971—2020 年均值。

宁蒙河段历年封、开河日期对比见图 9-2。

2023 年度，黄河中游河段于 12 月 15 日在天桥库区、乡宁河段首次出现封冻，2024 年 1 月 21 日，黄河中游达到最大封冻长度 112.1km，3 月 25 日封冻河段全部开通，封冻历时 102d。

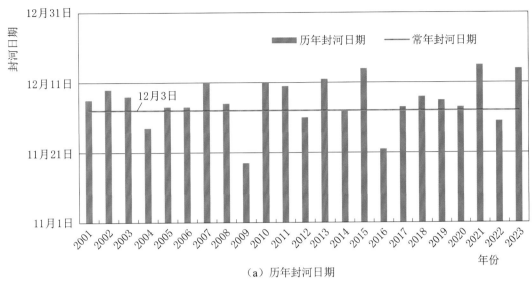

（a）历年封河日期

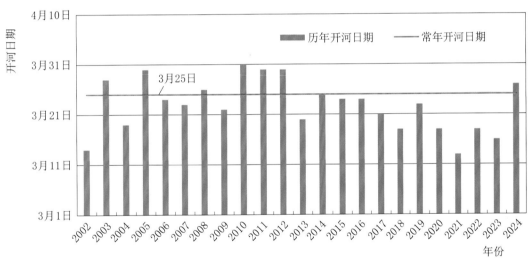

（b）历年开河日期

图 9－2　黄河宁蒙河段历年封、开河日期对比

　　2023 年度，黄河下游气温接近常年但起伏变化剧烈，出现四次流凌和一次封冻过程。12 月 17 日，黄河下游河段首次出现流凌，首凌日期较常年偏早 3d。12 月 22 日于西河口水位站附近出现封河，首封日期较常年偏早 11d，12 月 27 日达到最大封河长度 43.49km。随着气温回升，12 月 28 日起下游封冻河段开始解冻开河，至 2024 年 1 月 7 日全线开通，开河日期较常年偏早 38d，封河过程历时 17d。开河后受气温起伏变化影响，黄河下游河段分别于 1 月 22 日、2 月 2 日、2 月 22 日出现三次流凌过程。

　　黄河下游河段历年封、开河日期对比见图 9－3。

（二）冰情特征值

　　2023 年度黄河宁蒙河段水文站冰厚及冰期水位统计值见表 9－2，图 9－4 为黄河宁蒙河段冰厚监测情况。

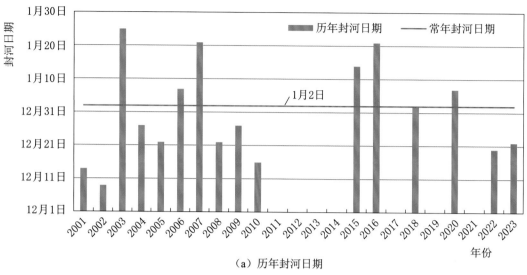

（a）历年封河日期

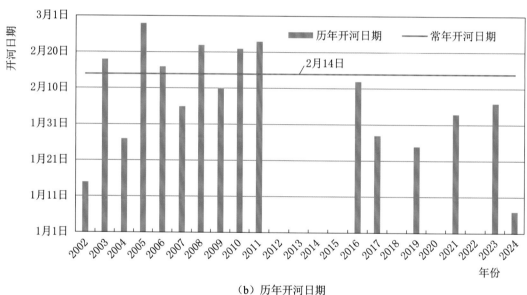

（b）历年开河日期

注：空白年份为未封河年份。

图 9 - 3　黄河下游河段历年封、开河日期对比

表 9 - 2　　　　　　黄河宁蒙河段各水文站冰厚及冰期水位统计

站名	最大冰厚 /cm	出现日期	冰期水位 /m	2022 年度		近 5 年		常年	
				最大冰厚 /cm	增减量 /cm	平均最大 冰厚/cm	增减量 /cm	平均最大 冰厚/cm	增减量 /cm
石嘴山	测验断面 未封冻					26.5		36.3	
巴彦高勒	45	2024 - 02 - 01	1050.91	58	- 13	50.8	- 5.8	63.6	- 18.6
三湖河口	46	2024 - 01 - 16	1018.43	49	- 3	54.8	- 8.8	60.6	- 14.6
包头	56	2024 - 02 - 01	1003.19	60	- 4	58	- 2	59.1	- 3.1
头道拐	83	2024 - 02 - 11	988.16	56	27	63.4	19.6	61.1	21.9

注：冰期水位为各站最大冰厚当日 8 时冰期水位；除包头站常年采用 2014—2020 平均值外，常年均指 1971—2020 年均值。

图 9-4　2023 年度黄河宁蒙河段冰厚监测

三、黑龙江冰情

2023 年度，黑龙江整个凌汛期凌情形势平稳，未出现明显凌汛险情。黑龙江干流洛古河站于 11 月 8 日封江，较常年（建站 1987—2023 年）偏早 1d，2024 年 4 月 24 日开江，较常年（1987—2023 年）偏早 3d，封江至开江总历时 169d；嫩江江桥站于 11 月 8 日封江，较常年（1956—2023 年）偏早 4d，2024 年 3 月 31 日开江，较常年（1956—2023 年）偏早 1d，封江至开江总历时 145d；第二松花江松花江站于 2023 年 12 月 17 日封江，较常年（2001—2020 年）偏晚 12d，2024 年 3 月 25 日开江，与常年（2002—2021 年）相同，封江至开江总历时 100d；松花江哈尔滨站于 11 月 13 日封江，较常年（1955—2023 年）偏早 10d，2024 年 4 月 5 日开江，较常年（1955—2020 年）偏早 5d，封江至开江总历时 145d。

（一）封、开河情况

2023 年度气温整体先偏低后偏高，黑龙江封、开江整体呈现封江偏早、开江偏早的特点，除松花江站外，各站首封日期对比常年封江日期偏早 1～10d，松花江站开江日期较常年偏晚 12d，黑龙江支流各站开江日期对比常年开江日期偏早 1～5d。

2023 年度黑龙江流域各水文站冬季首封日期、春季开江日期，常年封江日期、常年开江日期统计见表 9-3。

表 9-3　　　　　　　　黑龙江流域各水文站封、开江日期统计

封开江日期	洛古河	江桥	松花江	哈尔滨
封江日期/（年-月-日）	2023-11-08	2023-11-08	2023-12-17	2023-11-13
开江日期/（年-月-日）	2024-04-24	2024-03-31	2024-03-25	2024-04-05
常年封江日期/（月-日）	11-09	11-12	12-05	11-23
常年开江日期/（月-日）	04-27	04-01	03-25	04-10

注：洛古河站封、开江日期常年指 1987—2023 年；江桥站封、开江日期常年指 1956—2023 年；松花江站封江日期常年指 2001—2020 年，开江日期常年指 2002—2021 年；哈尔滨站封江日期常年指 1955—2023 年，开江日期常年指 1955—2020 年。

哈尔滨水文站历年封、开江日期对比见图 9-5。

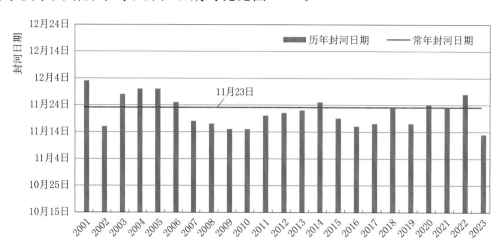

（a）历年封河日期

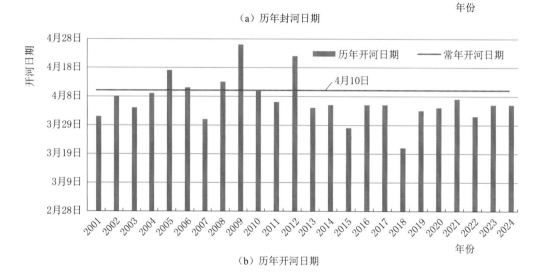

（b）历年开河日期

图 9-5　哈尔滨水文站历年封、开河日期对比

（二）冰情特征值

2023 年度黑龙江流域各水文站冰厚及冰期水位统计见表 9-4。2023—2024 年黑龙江干流冰厚及水位监测作业现场情况见图 9-6，黑龙江干流开江情况见图 9-7。

表 9-4　　　　　　　　　黑龙江流域各水文站冰厚及冰期水位统计

站名	最大冰厚 /cm	出现日期 /（年-月-日）	冰期水位 /m	2022 年度		近 5 年		常年	
				最大冰厚 /cm	增减量 /cm	平均最大冰厚 /cm	增减量 /cm	平均最大冰厚 /cm	增减量 /cm
洛古河	133	2024-03-21	301.14	130	3	145	-12	130	3
江桥	94	2024-02-11	134.96	100	-6	88.6	5.4	99.4	-5.4
松花江	68	2024-02-16	150.33	96	-28	54	14	63	5
哈尔滨	73	2024-02-16	115.07	58	15	63.6	9.4	70	3

注：冰期水位为各站最大冰厚当日 8 时冰期水位，常年平均指建站至 2020 年均值。洛古河站冰厚统计数值包含岸边及河心数据。

图 9-6　黑龙江干流冰厚及
水位监测作业现场

图 9-7　2024 年黑龙江干流开江

四、辽河冰情

2023 年度，辽河整个凌汛期凌情形势平稳，未出现明显凌汛险情。辽河福德店水文站于 11 月 30 日封河，与常年（2001—2020 年）相同，2024 年 3 月 21 日开河，较常年（2001—2020 年）偏早 1d，封河至开河总历时 112d；沈阳（三）站于 12 月 13 日封河，较常年（2003—2020 年）偏早 8d，2024 年 3 月 10 日开河，较常年（2003—2020 年）偏晚 4d，封河至开河总历时 89d；巴林桥（三）站于 11 月 27 日封河，较常年（2001—2021 年）偏晚 3d，2024 年 3 月 10 日开河，较常年（2001—2021 年）偏早 15d，封河至开河总历时 105d。

（一）封、开河情况

2023 年度气温整体偏低，辽河干流封、开河整体呈现封河偏早、开河偏晚的特点，西辽河封、开河呈现封河偏晚、开河偏早的特点。辽河干流福德店站封、开河日期与常年基本一致，沈阳（三）站封河日期比常年偏早 8d，开河日期比常年偏晚 4d。西辽河巴林桥（三）站封河日期比常年偏晚 3d，开河日期比常年偏早 15d。

2023 年度辽河流域各水文站冬季首封日期、春季开河日期，常年封河日期、常年开河日期统计见表 9-5。

表 9-5　　　　　　　　辽河流域各水文站封、开河日期统计

封、开河日期	福德店	沈阳（三）	巴林桥（三）
封河日期/（年-月-日）	2023-11-30	2023-12-13	2023-11-27
开河日期/（年-月-日）	2024-03-21	2024-03-10	2024-03-10

封、开河日期	福德店	沈阳（三）	巴林桥（三）
常年封河日期/（月-日）	11-30	12-21	11-24
常年开河日期/（月-日）	03-22	03-06	03-25

注：福德店站常年平均指 2001—2020 年均值，沈阳站常年平均指 2003—2020 年均值，巴林桥（三）站常年平均指 2001—2021 年均值。

福德店水文站历年封、开河日期，常年封河、开河日期见图 9-8。

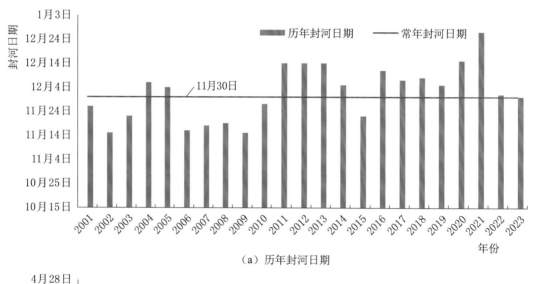

（a）历年封河日期

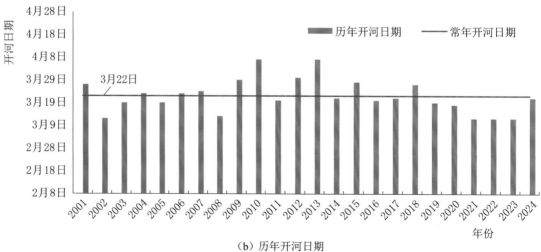

（b）历年开河日期

图 9-8 福德店水文站历年封、开河日期对比

（二）冰情特征值

2023 年度辽河流域各水文站冰厚及冰期水位统计见表 9-6。沈阳（三）水文站开江前实景见图 9-9。

表 9 - 6　　　　　　　　　　辽河流域各水文站冰厚、冰期水位统计

站名	最大冰厚/cm	出现日期/(年-月-日)	冰期水位/m	2022年度		近五年		常年	
				最大冰厚/cm	增减量/cm	平均最大冰厚/cm	增减量/cm	平均最大冰厚/cm	增减量/cm
福德店	47	2024 - 02 - 11	95.98	44	3	40	7	44	3
沈阳（三）	35	2024 - 02 - 01	36.04		35	23	12	28	7

注：冰期水位为各站最大冰厚当日 8 时冰期水位，常年平均指建站至 2020 年均值。

图 9 - 9　沈阳（三）站开江前实景图

太湖晨曦（陈甜　提供）

第十章
湖库蓄水

一、概述

2023 年，全国大中型水库和湖泊蓄水量总体有所增加，不同区域情况存在差异。据全国统计的 768 座大型水库和 3942 座中型水库分析，年末蓄水总量为 4594.5 亿 m^3，比年初蓄水总量增加 390.4 亿 m^3，其中大型水库年末蓄水量为 4097.2 亿 m^3，比年初增加 361.1 亿 m^3；中型水库年末蓄水量为 497.3 亿 m^3，比年初增加 29.3 亿 m^3。全国常年水面面积 100 km^2 及以上且有水文监测的 75 个湖泊年末蓄水总量为 1477.6 亿 m^3，比年初蓄水总量增加 26.5 亿 m^3。

二、大中型水库蓄水量

北方区水库年末蓄水量较年初增加 48.6 亿 m^3，南方区水库年末蓄水量较年初增加 341.8 亿 m^3。长江区、黄河区、淮河区、西北诸河区、东南诸河区 5 个一级区年末蓄水量较年初增加，其中长江区增加 342.2 亿 m^3；辽河区、松花江区、珠江区、西南诸河区、海河区 5 个一级区年末蓄水量较年初减少，其中辽河区减少 15.4 亿 m^3。

2023 年各一级区大中型水库蓄水量见表 10-1，2023 年各一级区大中型水库年蓄水变量见图 10-1。

三、湖泊蓄水量

2023 年，水面面积 200 km^2 以上的有监测湖泊中，洪泽湖、梁子湖、高邮湖、鄱阳湖年末蓄水量分别比年初增加 16.9 亿 m^3、4.2 亿 m^3、3.0 亿 m^3、2.8 亿 m^3，洪湖、青海湖、华阳河湖泊群分别减少 3.5 亿 m^3、3.1 亿 m^3 和 2.9 亿 m^3。从蓄水量变化幅度来看，洪泽湖、梁子湖年末蓄水量比年初增加 50% 以上，洪湖年末蓄水量比年初减少 50％ 以上。2023 年水面面积 200km² 以上有监测湖泊年初及年末蓄水量见表 10-2。

表 10-1　　　　　　　　　　2023 年一级区大中型水库蓄水量

一级流域区域	座数/座	大 型 水 库			座数/座	中 型 水 库			大中型水库年蓄水变量/亿 m³
		年初蓄水量/亿 m³	年末蓄水量/亿 m³	年蓄水变量/亿 m³		年初蓄水量/亿 m³	年末蓄水量/亿 m³	年蓄水变量/亿 m³	
全国	768	3736.2	4097.2	361.1	3942	467.9	497.3	29.3	390.4
松花江区	48	273.4	262.4	−11.0	201	30.3	32.1	1.7	−9.3
辽河区	40	113.9	100.9	−13.1	129	17.2	14.8	−2.4	−15.4
海河区	37	110.9	108.5	−2.4	120	13.9	14.3	0.4	−2.1
黄河区	44	370.8	421.1	50.3	213	20.5	19.4	−1.1	49.2
其中：上游	17	278.6	315.7	37.1	52	5.7	5.8	0.1	37.1
中游	23	84.8	98.3	13.6	135	10.8	10.1	−0.7	12.9
下游	4	7.4	7.1	−0.3	25	3.8	3.2	−0.6	−0.9
淮河区	58	74.0	89.4	15.4	272	27.1	26.5	−0.6	14.8
长江区	301	1675.3	1988.1	312.8	1574	172.9	202.2	29.4	342.2
其中：上游	109	980.9	1102.3	121.4	532	77.0	87.0	10.0	131.4
中游	173	667.6	851.5	183.9	953	89.4	106.5	17.1	201.0
下游	19	26.9	34.4	7.5	89	6.5	8.7	2.2	9.7
其中：太湖流域	8	2.3	2.6	0.3	18	1.1	1.3	0.3	0.5
东南诸河区	51	274.3	281.5	7.1	335	43.3	42.2	−1.1	6.0
珠江区	130	692.1	686.6	−5.4	751	88.6	90.7	2.1	−3.3
西南诸河区	14	44.0	40.5	−3.5	147	22.9	23.3	0.4	−3.1
西北诸河区	45	107.4	118.2	10.8	200	31.3	31.9	0.6	11.4

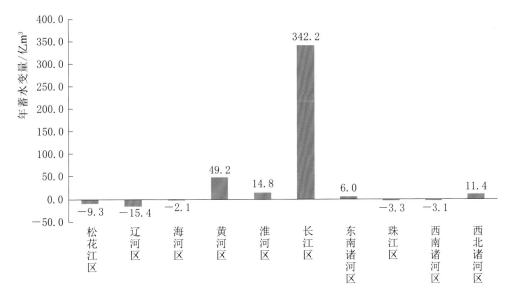

图 10-1　2023 年一级区大中型水库年蓄水变量

表 10 - 2   2023 年部分湖泊年初及年末蓄水量

一级区	湖泊	蓄水量/亿 m³			蓄水变量/年初蓄水量/%
		年初	年末	蓄水变量	
松花江区	查干湖	11.0	9.4	-1.6	-14.1
淮河区	洪泽湖	25.4	42.4	16.9	66.4
	南四湖上级湖	10.5	10.8	0.3	2.9
	南四湖下级湖	5.1	7.0	1.9	36.3
	高邮湖	9.3	12.4	3.0	32.6
	骆马湖	6.7	8.1	1.4	21.0
长江区	太湖	51.4	51.1	-0.2	-0.5
	巢湖	23.9	24.8	0.9	3.8
	华阳河湖泊群	13.4	10.5	-2.9	-21.4
	鄱阳湖	7.3	10.1	2.8	38.2
	洞庭湖	5.8	6.4	0.6	9.8
	滇池	14.6	15.2	0.6	3.8
	梁子湖	7.4	11.6	4.2	57.2
	洪湖	5.0	1.5	-3.5	-69.9
珠江区	抚仙湖	200.0	198.6	-1.4	-0.7
西南诸河区	洱海	27.5	28.3	0.9	3.1
西北诸河区	青海湖（咸水湖）	904.2	901.1	-3.1	-0.3

四、典型湖泊水面变化

2023 年，对鄱阳湖、洞庭湖、太湖、洪泽湖、巢湖、白洋淀淀区和青海湖等 7 个典型湖泊的水面变化进行遥感监测，根据湖泊周围水文站观测数据确定水位最高和最低时间，选取相近时相的卫星遥感影像，解译水体范围并计算水面面积。对比分析遥感影像水体解译结果，7 个典型湖泊水面面积变化情况见表 10 - 3。可以看到，鄱阳湖和洞庭湖水面面积变化显著，变幅分别为 71.6% 和 57.8%，两个湖泊丰枯两季水面变化见图 10 - 2，太湖、洪泽湖、巢湖、白洋淀淀区和青海湖的水面面积变化相对比较平稳。

表 10 - 3   典型湖泊水面变化统计

湖泊	最大水面			最小水面			变化率/%
	面积/km²	水位/m	影像日期	面积/km²	水位/m	影像日期	
鄱阳湖	2683.03	14.15	2023 - 06 - 28	762.54	6.71	2023 - 03 - 14	71.6
洞庭湖	1110.21	26.51	2023 - 08 - 29	468.55	19.10	2023 - 03 - 15	57.8
太湖	2389.69	3.65	2023 - 07 - 11	2362.16	3.05	2023 - 01 - 31	1.2
洪泽湖	1514.59	13.61	2023 - 11 - 12	1351.14	11.94	2023 - 08 - 25	10.8
巢湖	779.67	9.28	2023 - 09 - 17	774.97	8.47	2023 - 06 - 10	0.6
白洋淀淀区	293.53	8.78	2023 - 08 - 22	224.96	8.36	2023 - 07 - 25	23.4
青海湖	4549.34	3196.74	2023 - 10 - 21	4490.38	3196.48	2023 - 05 - 02	1.3

注：表中"变化率"为湖泊最大与最小水面面积之差与最大水面面积之比。

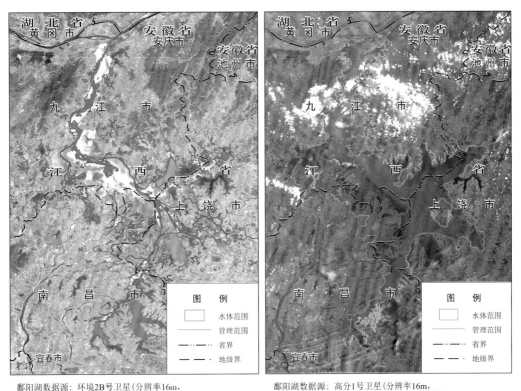

鄱阳湖数据源：环境2B号卫星(分辨率16m,
影像采集时间2023年1月8日)

（a）鄱阳湖枯水期水体范围

鄱阳湖数据源：高分1号卫星(分辨率16m,
影像采集时间2023年6月28日)

（b）鄱阳湖丰水期水体范围

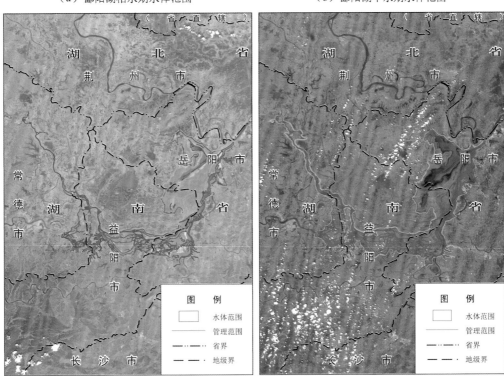

洞庭湖数据源：环境2A号卫星(分辨率16m,
影像采集时间2023年1月7日)

（c）洞庭湖枯水期水体范围

洞庭湖数据源：环境2B号卫星(分辨率16m,
影像采集时间2023年6月26日)

（d）洞庭湖丰水期水体范围

图 10－2　鄱阳湖和洞庭湖丰枯两季水体标准假彩色遥感影像图

黄河贵德清（龙虎 摄）

第十一章
大事记

1. 7月4日，习近平总书记对重庆等地防汛救灾工作作出重要指示，要求加强统筹协调，强化会商研判，做好监测预警。7月7日，习近平总书记在江苏考察时指出，全国即将进入"七下八上"防汛关键期，江河湖库将面临主汛期洪涝灾害的严重威胁，各地区各部门要立足于防大汛、抗大旱、救大灾，坚持人民至上、生命至上，守土有责、守土负责、守土尽责，切实把保障人民生命财产安全放到第一位，强化灾害隐患巡查排险，提前做好各种应急准备，努力将各类损失降到最低。7月27日，习近平总书记在四川考察时指出，7月、8月长江流域进入主汛期，要全面落实防汛救灾主体责任，做好防汛抗洪救灾各项应对准备工作。8月1日，习近平总书记对北京、河北等地防汛救灾工作作出重要指示，强调当前正值"七下八上"防汛关键期，各地区和有关部门务必高度重视、压实责任，强化监测预报预警，落实落细各项防汛措施。

2. 李国英部长在水利工作会议、部务会和检查调研活动中多次强调，要加快构建气象卫星和测雨雷达、雨量站、水文站组成的雨水情监测预报"三道防线"，进一步延长雨水情预见期、提高精准度。加强水文现代化建设，加快现有水文站网现代化改造。善用现代化水文监测技术与设备，提高洪水监测能力。加快数字孪生水利建设，着力提升预报预警预演预案能力。

3. 2月1日，水利部印发了《关于推进水利工程配套水文设施建设的指导意见》，对于加快推动建立与防汛调度和国家水网相匹配的现代化国家水文站网，保障水利工程安全高效运行，完善水利风险监测预警体系，保障国家水安全等具有重要意义。

4. 3月15日，水利部在北京召开水文工作会议，刘伟平副部长出席会议并讲话。会议要求全国水文系统全面加快水文现代化建设，加快水文设施提档升级，全力做好水旱灾害防御支撑，积极拓展水资源水生态监测分析评价，强化水文行业管理能力，持续提升水文科技创新水平。

5. 4月27日，第五届全国水文标准化技术委员会和全国水文标准化技术委员会第四届水文仪器分技术委员会成功换届。

6. 7月，水利部认定并发布了第一批百年水文站名单，认定汉口、城陵矶、三门峡、杨柳青、通州、筐儿港、枣林庄、沈阳、吉林、哈尔滨、南京、镇江、拱宸桥、芜湖、台儿庄闸、长沙、马口、潮安、南宁、桂林、都江堰、昆明等22处水文站为第一批百年水文站。

7. 9月14—21日，水利部与哈萨克斯坦水文专家组开展中哈跨界河流边境水文站联合技术考察，并签署考察纪要。

8. 11月7—11日，第七届全国水文勘测技能大赛决赛在广东韶关成功举办，水利部副部长田学斌、刘伟平分别出席开、闭幕式并讲话。本届大赛是水利行业中项目最多、历时最长、参赛人员最多、新技术应用程度最高的职业技能竞赛。

9. 11月，联合国教科文组织（UNESCO）第42届大会和政府间水文计划（IHP）理事国第六次特别会议在法国巴黎召开，中国成功当选IHP政府间理事会成员国，河海大学余钟波教授顺利当选新一届IHP执行局特派督导/副主席。

10. 12月12日《中华人民共和国水利部和越南社会主义共和国自然资源与环境部关于相互交换汛期水文资料的谅解备忘录》在越南续签。

11. 我国江河洪水多发重发，708条河流发生超警以上洪水，海河流域发生60年来最大流域性特大洪水，松花江流域部分支流发生超实测记录洪水。面对复杂严峻的汛情险情，全国水文部门坚决扛起防汛天职，贯通"四情"防御，落实"四预"措施，绷紧"四个链条"，全力做好雨水情监测预报预警工作，为打赢防汛抗洪硬仗提供了有力支撑。

12. 水利部加快推动构建雨水情监测预报"三道防线"。水利部组织召开水利测雨雷达试点建设应用现场会，刘伟平副部长出席会议并讲话，部署推进水利测雨雷达建设工作。水利部办公厅印发《关于加快构建雨水情监测预报"三道防线"实施方案》和《关于加快构建雨水情监测预报"三道防线"的指导意见》，部署开展雨水情监测预报"三道防线"建设先行先试工作。

13.《地下水监测工程技术标准》国家标准和《水文站网规划技术导则》行业标准修订发布，《河湖水生态监测技术指南（试行）》《冰情监测预报技术指南》《高洪水文测验新技术新设备应用指南》《水库水文泥沙监测新技术应用指南》《河湖生态补水水文监测与分析评价技术指南（试行）》《水资源量预测预报技术指南》等一批技术规范性文件印发实施，水文技术标准体系进一步完善。

14. 水文部门在应对西藏林芝山体滑坡、内蒙古某尾矿库泄露、甘肃临夏积石山地震等工作中，积极开展应急监测，在险情处置和抗震救灾中发挥了关键作用。

15. 青海省发布了《蒸发量观测 全自动水面蒸发器比测规程》《流量测验 雷达波测流系统流量系数率定规程》《水位观测 自记水位计比测规程》《水生态监测规范》《水情预警

等级》《水文设施工程标识牌》，云南省发布了《水文资料在线整编规范》《水文监测资料汇交规范》，宁夏回族自治区发布了《水文监测设施建设技术规范》《河流洪水预警信号》，湖北省发布了《水文自动测报站运行维护技术规范》，安徽省发布了《雨水情测报系统数据接入规范》等地方水文标准。

16. 长江水利委员会水文局"流域水安全全息监测与全域预报预警关键技术"获湖北省科学技术奖一等奖，"水文多要素在线监测关键技术及装备研发"获长江科学技术奖一等奖。湖北省水文水资源中心"湖北省中小河流及城市水文监测预报预警关键技术研究与应用"获长江科学技术奖二等奖。西藏自治区水文水资源勘测局参与研究的"寒区河流观测模拟与健康动态诊断关键技术及应用"获长江科学技术奖二等奖。

17. 黄河水利委员会水文局研制成功 HHSW·NUG－1 型光电测沙仪，实现了河流泥沙在线监测，并接入会商系统。

《中国水文年报》编委会

主　　编：王宝恩

副 主 编：仲志余　林祚顶　戴济群　钱　峰　彭　静

编　　委：束庆鹏　吴时强　许明家　王建华　程海云　张　成
　　　　　徐时进　杨建青　何力劲　宁方贵　孟庆宇

技术顾问：张建云　胡春宏　匡　键　陈松生　张留柱　钱名开
　　　　　高云明　钱　燕　付　鹏　高　怡

《中国水文年报》编制组成员单位

水利部水文司

水利部　交通运输部　国家能源局南京水利科学研究院

水利部水文水资源监测预报中心

中国水利水电科学研究院

国际泥沙研究培训中心

各流域管理机构

各省（自治区　直辖市）水利（水务）厅（局）

《中国水文年报》主要参加单位

各流域管理机构水文局

各省（自治区、直辖市）水文（水资源）（勘测）局（中心、站）

《中国水文年报》编制组

组　长：束庆鹏

副组长：刘九夫　杨　丹　吴永祥　王金星　孙春鹏　蒋云钟
　　　　潘庆宾　刘晓波

成　员：李　静　潘曼曼　彭　辉　陆鹏程　刘　晋　白　葳
　　　　胡健伟　孙　龙　金喜来　陈德清　梅军亚　雷成茂
　　　　陈红雨　程兵峰　柳志会　任祖春　林荷娟　谢自银
　　　　王　欢　刘宏伟　马　涛　仇亚琴　陈　吟　杜　霞
　　　　渠晓东

《中国水文年报》主要参加人员

张利茹	崔　巍	戴云峰	邓晰元	黄育朵	郝春沣	张　敏
王卓然	孙　峰	谭尧耕	朱春子	王　旭	吴竞博	潘诗涵
卜　慧	徐十锋	郭卫宁	芦　璐	夏　冬	李春丽	朱静思
杨　敏	吴春熠	刘美玲	陈　甜	杜兆国	刘双林	刘晓哲
付利新	刘　轩	时　璐	张昌顺	于　冬	汪增涛	宋淑红
李鹏飞	刘　强	杨国军	冯　峰	杨婷婷	沈芳婷	包　瑾
陈　澄	闵惠学	陈丽侠	吴　涛	吴玲玲	琼　娜	刘　毅
杨　嘉	林　健	陈丽竹	杨　岚	尹炳槐	郑　杲	张翰庭

《中国水文年报》编辑部设在水利部　交通运输部　国家能源局南京水利科学研究院